中年心态

THE
MIDLIFE MIND

【英】本·哈钦森 著

漆 璇 张天妤 译

中国轻工业出版社

图书在版编目（CIP）数据

中年心态 /（英）本·哈钦森著；漆璇, 张天妤译. —北京：中国轻工业出版社，2021.10
ISBN 978-7-5184-3608-8

Ⅰ. ①中… Ⅱ. ①本… ②漆… ③张… Ⅲ. ①人生哲学－通俗读物 Ⅳ. ① B821-49

中国版本图书馆 CIP 数据核字（2021）第 157546 号

版权声明：

The Midlife Mind: Literature and the Art of Ageing by Ben Hutchinson was first published by REAKTION Books, London, UK, 2020. Copyright © Ben Hutchinson 2020. Rights arranged through CA-Link International

责任编辑：周　晏
策划编辑：周　晏　　责任终审：张乃柬　　封面设计：格调文林
版式设计：锋尚设计　　责任校对：吴大朋　　责任监印：张京华

出版发行：中国轻工业出版社（北京东长安街6号，邮编：100740）
印　　刷：北京君升印刷有限公司
经　　销：各地新华书店
版　　次：2021年10月第1版第1次印刷
开　　本：710×1000　1/16　印张：15
字　　数：200千字
书　　号：ISBN 978-7-5184-3608-8　定价：68.00元

邮购电话：010-65241695
发行电话：010-85119835　传真：85113293
网　　址：http://www.chlip.com.cn
Email：club@chlip.com.cn
如发现图书残缺请与我社邮购联系调换
200999S6X101ZYW

"我不敢再耽搁。我已经开始老去,或许命运会在生活的中途将我粉碎,而巴别塔①仍是未被建完的断壁残垣。至少他们应该可以说,这是一次大胆的尝试。"

约翰·沃尔夫冈·冯·歌德,1780 年

· · ·

"人们一直认为,诗歌正是始于中间。"

乔治·艾略特,1876 年

· · ·

"我们无法通过逃避而从某件事中获得解脱,只能学会与之共处。"

切萨雷·帕韦泽,1945 年

---

① 巴别塔,又称通天塔,《圣经》故事中,人类联合起来修建的通往天堂的高塔。在此之前,所有人类使用同样的语言,上帝为了阻止人类建成巴别塔,让人类开始使用不同的语言,因而无法再互相沟通、四散分离。——译者注

目　录

前言 / 1

I
危机与悲伤："中年"一词的发明 / 1

II
左右为难之人：中年的哲学 / 23

III
半山腰：如何开始中年 / 36

IV
商店后的房间：中年的谦逊 / 58

V
上年纪：中年悲喜剧 / 78

VI
永恒的开端：中年空档期 / 95

Ⅶ
现实主义与现实:"中年岁月" / 120

Ⅷ
漫步在其中的岁月:中年的转变 / 140

Ⅸ
减法的智慧:中年极简主义 / 163

Ⅹ
从盛年到老年:如何挺过更年期 / 180

Ⅺ
意识流:新世纪的中年时代 / 201

后记:中年的尽头 / 221

致谢 / 227

图片来源 / 228

前　言

一寸寸老去

　　一天早上，我从不安的梦中醒来，发现自己变成了一个怪模怪样的中年男人。上了年纪的脊背僵硬地躺在床上，稍微抬起头，便看见自己软绵绵的肚子分成了好几节，盖在上面的毯子几乎不能保持位置，马上就要滑下去了。隐隐作痛的双腿与身体的其他部分相比瘦得可怜，在我眼前无助地挥动着。[①]

　　我们每个人的身上都上演着卡夫卡的"变形记"。问题的关键不在于如何阻止变化的到来，而是当它到来时应该如何应对。人类社会的任何情形都无法脱离时间这一规则。尽管所有有机生物都受时间支配，但我们是（至少我们认为自己是）唯一一个能够完全感知时间的物种。我们可能不会变成甲虫，但我们会变成一幅以年轻的自己为蓝本的荒诞漫画。怪不得说神经质是人类的原始特性。

　　然而，与格里高尔·萨姆沙（Gregor Samsa）[②]所经历的戏剧性变身不同，我们不会一夜之间变得白发苍苍。当我们一只脚试探性地踏入四十几岁

[①] 卡夫卡作品《变形记》的开头，主人公一觉醒来发现自己变成了一只甲虫。——译者注
[②] 《变形记》的主人公。——译者注

时，衰老就缓慢而寂静无声地开始了，青春的热情逐渐离我们远去。一开始，这种转变毫无戏剧性，慢慢地才会愈演愈烈。这种循序渐进式的改变既令人宽慰，也同样令人恐惧。虽然我们是一寸寸地缓慢前进，因此总是有时间适应新的自己，但我们也开始意识到衰老不可避免，就像望着一列飞驰而来的火车却无从躲避。

这本书讲述的正是这样一寸寸老去的过程。在文学史上许多著名人物的帮助下，本书探讨了过去的我们如何理解"中年"，当下的我们如何看待"中年"，以及未来我们如何尽我们所能让"中年"更富有生产力。从"黄金时代"开始滑向缓慢而持续的衰退时代意味着什么？当我们意识到自己开始了"后半生"时，是什么样的感觉？"中年"这个没有明确开头和结尾的时期，应该如何定义？随着几个世纪以来人类寿命的演变，人们对中年的理解——即中年开始的时间、中年的内涵以及中年的意义——也随之发生了变化。我们知道婚姻会出现"七年之痒"，那么中年的一寸寸老去又会如何呢？

我们总是忙于充实自己的生活，而很少停下来思考充实生活的意义。作为一个男人意味着什么？作为一个女人又意味着什么？在青春与苍老之间，在天真与世故之间，中年是什么取决于我们如何看待它。我们试图忽略它，反倒显得愈发重视它。当代文化中，人们坚定顽固地拒绝承认中年的到来，反而使它受到瞩目。我们认为衰老是最自然的过程，但同时它也是最富内涵的文化现象；我们如何老去——或者说我们如何看待自己的老去——从来都是由我们身边的种种规矩和模式所决定。我们有多老，取决于周围的人让我们感觉到自己有多老。

当我写完这本书时，我已经43岁，已婚，有两个孩子。我虽然不再年轻，但也远称不上老。在生物学上，我毫无疑问正处于中年时代。但是在人类学上呢？文化意义上呢？真正的问题与其说是我如何看待中年这个概念，不如说是我作为一个中年人的感觉。对我而言，对其他任何一个人而言，答案都是来自一个不断变化的动态过程，即我认知中的自我形象与我周围的社会赋予我的形象之间的关系。在21世纪，年届四五十岁的我们时常被告知要保持"年轻态",这种事放在19世纪或者更早以前是根本无法想象的。随着人类平均寿命的延长,我们对生活的期望也变得更高。这不仅仅是因为我们活得更久,更是因为我们能接触到远比之前更多的机会与经历。但也因此,我们的期望也相应地变得更加难以实现。资本主义赖以生存的土壤,正是让人们始终处于一种欲壑难填,并极易被广告宣传所诱惑的状态中。中年,既是一个特定年龄段,又是人生发展的一个阶段。

为什么我们允许自己的中年生活被这般操控?尽管中年的心理远不该仅仅是消极的,毕竟我们往往在中年时期享受到最大的权力与最高的声望,但令人惊讶的是,它通常都会被这样描述。男人有中年危机,女人有更年期。在大众的想象中,中年似乎并不会有什么好事发生。于是这些词语在各种语境中都被用作贬义词,正如英格兰银行副行长口不择言的名句——他形容英国的经济进入了"更年期"①。然而,中年时代的到来也可以激发出人们前所未有的创造力。这种突然意识到自己处于人生道路中途的感觉,催生了许多艺术和文学上最伟大的作品。这里所说的人生中途,暗示了某人正处于危险的境地,被无法阻挡的衰老之力所摧残。而审美价值往往就诞生于这种必然与注定之中。

本书的目的便是追寻这些价值。我写下它的前提是,人生的中间阶段同它的结尾和开始一样值得关注。当我们提起人生的中间阶段,到底指的是什么?仅仅是我们所理解的人的一生中默认存在的一个时段吗?列奥纳多·达·芬奇(Leonardo da Vinci)创作的被称作"维特鲁威人(Vitruvian Man)"的画作,或许是所有人类肖像中最具标志性的一幅。此画创作于他年近40岁时,大约正是他生命的中间点。这幅画作包含很多的含义,它也可以算作一幅中年艺术家的肖像画(有人声称这是达·芬奇的自画像)。这幅画受古罗马作家维特鲁威建筑思维的启发,达·芬奇在画中利用完美的对称性将人类置于已知宇宙的正中心,他的肚脐便是文艺复兴人文主义的世界之

---

① 见"银行副行长安吉拉·莫纳汉就'更年期经济'的评论致歉";www.theguardian.com,2018年5月16日。

脐（*umbilicus mundi*）。换言之，达·芬奇的这幅画表现了中年男子乃丈量万物的标尺。

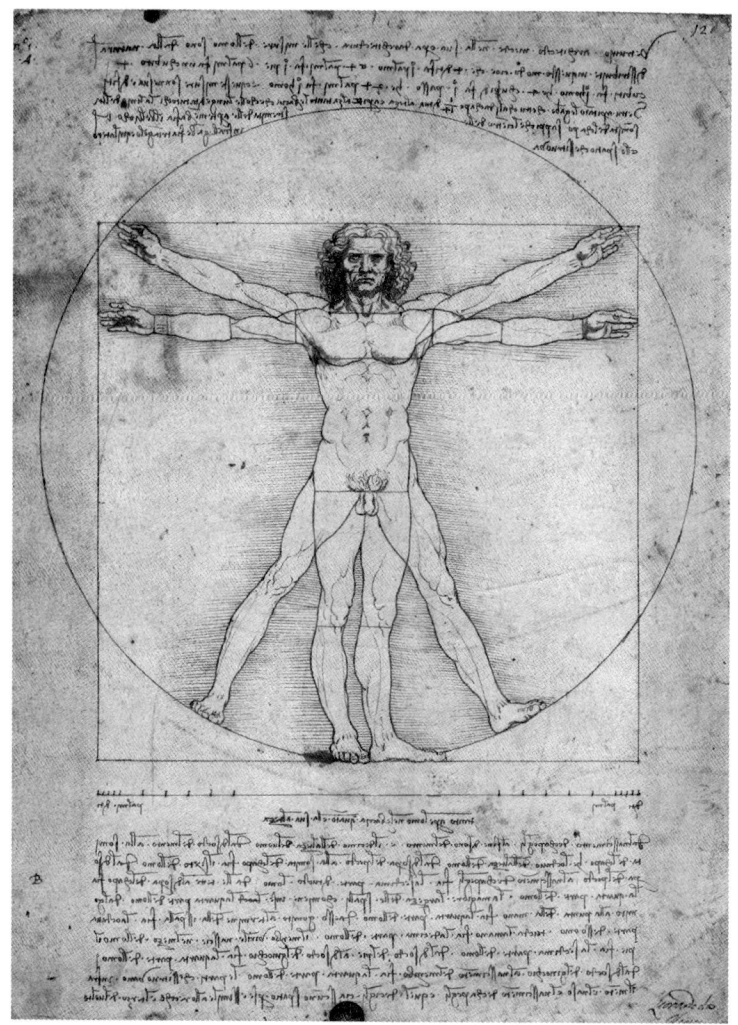

◆ 中年之圈：列奥纳多·达·芬奇，维特鲁威人，公元1490年，钢笔墨水素描手稿。

那么，为什么中年总是被诋毁？为什么我们一想到自己是中年人就感到畏缩？如果这个词在现代文化中已经变得如此负面，那么现在是时候去思考我们应当如何重新去积极地审视它，抑或至少从它身上将成堆的当代陈词滥调剥离。中年是一种隐喻，但要用什么来比喻它呢？从米歇尔·福柯（Michel Foucault）的作品中，我们逐渐熟悉了"当前史（history of the present）"这一概念。这种历史寻求的不是重建过去，而是重建当下时代的价值观与预设。与之相似，我在本书中记录的是从西方文化主要人物的眼中观察现在的"回忆录"。我想尽可能真诚地审视现在处于中年初期的我的视角，而不是发掘过去。但这并非意味着我不会参考过去，包括我自己的过去以及更广泛的文化历史，我将会更加着眼于它如何影响现在。回忆录通常是对完整的一生的回顾，而我想要思考的是刚刚过半的人生意味着什么，去记录我当下的感受，而非过去的感受。借用45岁的苏珊·桑塔格（Susan Sontag）之言，"我想要的是完完全全地活在当下，在我所在的地方，和我生命中的自我一同对这个世界给予全心关注。"①简而言之，我想要写的正是一本位于人生中间点的回忆录。

这样一本回忆录必然会兼具个性化和共性化的内容。正因为衰老是最普遍、却又是最个体化的经历；不仅仅是关于我们如何变老，更是关于我们如何看待自己老去的过程，这种感受在人与人之间、不同文化以及不同性别之间或许大相径庭。我们并非在活到某一特定年龄时就一同跨越约瑟夫·康拉德（Joseph Conrad）笔下那条迈入成熟的"阴影线"，事实上我们并不一定都会跨越它；我们随时都有可能会解下象征成年的领带，重新换上青春期常穿的T恤。②一个人生命时钟的律动未必与他人同步，甚至每个专业领域都有自己独特的生命时钟：足球运动员和数学家的职业黄金期往往在中年时代，而法官和政治家的黄金期则会更晚。在我看来，作家和批评家享有处在中年所带来的"特权"。这不仅是因为他们的工作需要精力与经验的结合，更是由于他们要融合精致完美的文字和未竟的上下文，协调迸发的智慧与内

---

① 苏珊·桑塔格《〈滚石〉杂志访谈录》，乔纳森·科特编（美国康涅狄格州纽黑文市，2013年），第4页。采访于1978年进行，此处改写了人称代词。
② 约瑟夫·康拉德《阴影线》，杰里米·霍索恩编（英国牛津，2003年）。

心的情感。作为最内化、最具自我批判的艺术形式，文学成为一种反思中年意义的特殊角度。因为它除了告诉我们关于中年是什么，还告诉我们中年的感受如何——这反过来能够帮助我们梳理自己的情感。文字和思想可以掌控喜怒哀乐，其秘诀就是要旁敲侧击，除了结合作者的经历去品读，还要把它们重新放在读者的生活体验中去理解，以此来打破"经典著作"那令人感到沉闷又单调的崇高性。简单来说，阅读疗法能帮助我们面对衰老。

从这个角度而言，最贴近衰老的文体就是随笔（essay）。自蒙田以来，随笔成为试图将反思与引用、逸闻与权威结合起来的一种文体。随笔的内核往往是思考时间，或者思考我们想要抓住时间、传达时间的尝试。从词源上来说，随笔的词源——法语词"essai（尝试）"和英语词"attempt（尝试）"源于拉丁语的"天平（exagium）"，表示我们"权衡"或是评估问题的方式。因此随笔这种体裁必须具有较高的成熟度，也意味着写作随笔需要对诸多来源的资料进行仔细地推敲。"什么东西需要如此权衡呢？"20世纪瑞士著名的批评家让·斯塔罗宾斯基（Jean Starobinski）这样问道，"正是我们在自己身上感受到的生命，一边主张自我一边走向衰退的生命。"[1]同样地，中年也正是一边不断自我主张一边走向衰退的阶段，是对我们后半生自我实现的预言。当步入不惑之年时，我们要"品"的，是权衡事物，是体会成熟，虽然我们尚不能充分权衡和体会。

回忆录、历史、批评、散文——中年思维借鉴这些不同的文体，创造了一个糅合了智慧和情感、思考和感受的复合结构。总的来说，有权威的资料显示，尽管中年充满各种负面的老生常谈和先入为主的偏见，但中年实际上可能是人生中最富有创造力的时期。换句话说，没必要恐慌。抬起下巴，收起肚子，越过了40岁，也还有美好的生活。一些著名的作家可以告诉我们它在哪里，如何找到它。对于衰老的最佳应对就是培养这种意识，奔向它而非逃离它。经过充分审视的中年，才值得我们好好活在其中。

---

[1] 约瑟夫·康拉德《阴影线》，杰里米·霍索恩编（牛津，2003年）。

Ⅰ

危机与悲伤：
"中年"一词的发明

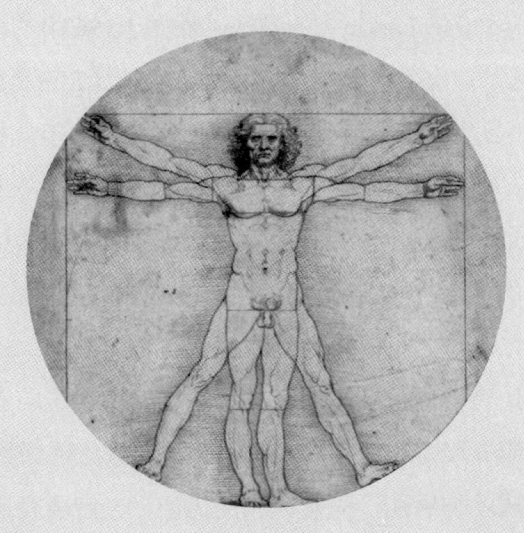

危机：行动或者死亡

与"性"一样，"中年危机"这个概念出现于20世纪60年代。按照英国诗人菲利普·拉金（Philip Larkin）的说法，性始于1963年①。那么在随后的1965年，"中年危机"首次登场。埃里奥特·杰奎斯（Elliott Jaques）在《国际精神分析杂志》上发表了一篇学术文章《死亡与中年危机》（Death and the Midlife Crisis），首次在学术界使用了这个术语，并且很快流传开来。②事实上"中年（midlife）"这个词在1895年就出现了，在字典中的定义是"介于青年与老年之间的生命阶段"，但是直到20世纪60年代，中年才与"危机"产生自动关联。而如今这两个词语之间已经变得不可分割，证明了二者之间的共鸣。中年人一边忧心自己会崩溃，一边不可避免地走向崩溃。中年危机既是自我证明的故事，又是自我实现的预言，已经成为小说和电影的一个重要题材。任何关于成就的讲述、关于成长的传记，一定要有自我怀疑并最终成功地克服信心危机的情节，才是完整的——这正是我们的文化中对于"成功"的固有观念。从某种程度上而言，这与我们在漫长的人生中逐渐走向衰

---

① 这里援引拉金诗作《奇迹迭出的一年》："性始于1963年——就在查泰莱被解禁之后，披头士发行首张唱片之前。"——译者注
② 此处及后续引用，参见埃里奥特·杰奎斯《死亡与中年危机》，《国际精神分析杂志46卷》（1965年1月刊），第502–514页。

老的经历不谋而合，同时也折射出现代西方文化中安稳与繁荣背后挥之不去的空虚感。"中年危机"的概念，不仅体现了我们逐渐产生的对死亡的模糊认知，也反映了我们对步入中年以后的生活意义的质疑。但，仅此而已吗？

杰奎斯认为，这个问题的答案取决于我们是否认为自己拥有创造力。他认为，在生物学层面上，"危机"的到来是显而易见的：它会在35岁左右时开始，可以持续数年的时间，其严重程度取决于个体所处的环境与其性格，并且杰奎斯坚定地认为这个词指向的是男性。无论是在文中所引用的例子上，还是将"危机"的本质理解为"创造力"的丧失这一点上，《死亡与中年危机》描述的肯定不是"死亡与少女"。尽管在后工业时代，关于中年的思考中出现了越来越多女性化的成分，但是一旦和危机联系起来，即使在战后的世界里，中年仍然主要针对的是男性。"男性更年期"（对此有个专门的英文术语manopause）似乎更值得进行精神分析，因为它并非生理性的，而是隐喻性的概念；不过，也可能因为它（或许）只是暂时性的，是等待生产力恢复的短暂平静期。女性会真的停经（menopause），而男性只是暂停（pause）一会儿。

在杰奎斯的文章首次发表的半个多世纪以后再来阅读，你会惊讶于从现在的角度来看，他的观点是多么的过时——他的视角完全集中在男性身上，并且认为一个人到了35岁左右，就"应该"已经建立了家庭生活；此外你还会发现，没有一个形式的中年危机能够同时适用于所有人。无论中年危机是真实存在的，或仅仅是一个流传甚广的都市传说（关于这一点，专家们还存在很大的分歧），它在不同的人身上有着完全不同的表现形式：一个中年男性的崩溃可能正是另一个中年女性的成熟。而杰奎斯却将许多不同的故事线归纳为一个：在"杰出人物"的作品中清晰可见的中年危机。杰奎斯"产生了这样的印象"，极具创造力的艺术家在35岁至39岁年龄段的死亡率显著升高。从科学的角度来看，他对于危机的认识过于印象主义，似乎是有问题的；他选出那些早逝的"天才"，引用他们的故事，不过是他在阅读了艺术家传记后对其浪漫主义调调的重复（"越深入观察天才们的生活……就越会震惊而清楚地发现，中年时期是死亡的高危阶段"）。但是他的理论却很受欢迎，说明其有一定道理。当人们步入中年后，创造力就会发生改变，可能会停滞不前、改变方向或转换形式。

创造力会发生什么样的改变？杰奎斯将度过中年危机之后时期的创造力称为"经过雕琢的创造力"。他指的是不仅关注内在的非物质思想，也会重新关注到"外在的物质"；不仅会迸发灵感，同时也会产生行动的兴趣。杰奎斯从许多男性艺术家，如贝多芬、莎士比亚和歌德等人的经历中总结出一个模型——浪漫而富于直觉的青年时期，古典而充满反思的中年时期，然后再将这个模型应用于他们身上。虽然他的这一方法有些自我循环的意味，但表达出了清晰的观点。渴望和焦灼消失，取而代之的是平静和接受。

然而，要达到这种豁达的状态，需要经历杰奎斯所说的中年危机之"炼狱（purgatory）"。根据西格蒙德·弗洛伊德（Sigmund Freud）的理论，我们都保留着对永生的隐秘幻想，然而这种幻想必须被彻底消除。当我们停止成长，开始逐渐变老，我们将不得不面对最终会走向死亡的残酷现实，我们不能继续假装只有别人会死去而自己不会。所有的将来时终会变成过去时。

杰奎斯可能是第一个广泛使用"中年危机"这一术语的人，但中年危机这个概念其实并非新创。在流行文化中，长期以来皆认为中年人，尤其是中年男性，会在40岁左右时经历法国人所谓的"正午的恶魔（*le démon de midi*）"。当然，心理学家一直在试图驱逐这个恶魔。1881年，神经学家乔治·米勒·比尔德（George Miller Beard）在他既往关于神经疲劳（nervous exhaustion）的研究基础上，出版了专著《美国人的神经质》（*American Nervousness*），创造了"神经衰弱（neurasthenia）"这一术语。此书中有一章是"脑力劳动者的寿命以及年龄与工作的关系"，他调查了750个历史上的著名人物以及一些不太知名的人，得出了一个带有精确数字的结论："人最富有生产力的年龄是39岁"。比尔德认为创造力是年轻人的游戏，他写道：

I
危机与悲伤:"中年"一词的发明

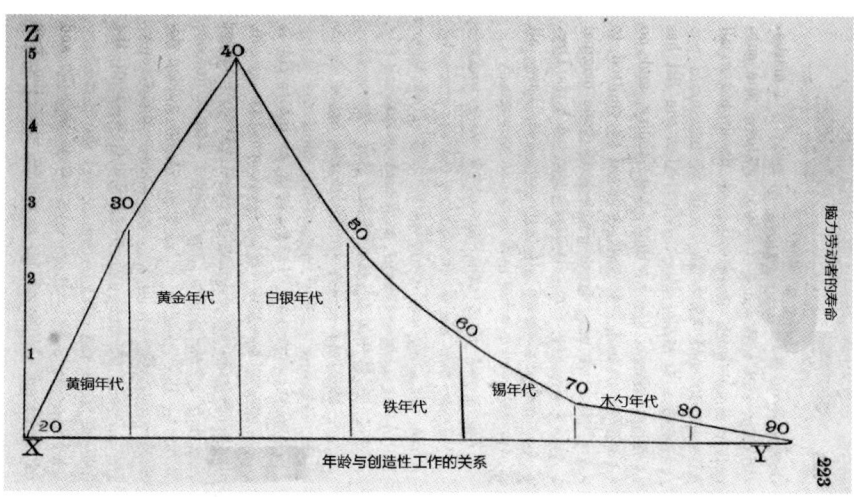

◆ 乔治·米勒·比尔德1881年出版的《美国人的神经质》一书中的图表:年龄与创造性工作的关系。从左至右:黄铜年代,黄金年代,白银年代,铁年代,锡年代,木勺年代。

"诗歌的本质是创造性的思维,而老年人已经没有能力去思考。"①在这个理论基础上,他甚至给人生每个十年起了名:三十几岁是"黄金年代",四十几岁是"白银年代",一直到七八十岁的"木勺年代"。比尔德关于衰老与神经衰弱的观点,正好与传统上结婚纪念日的价值等级相反。我们年纪越大,距离中年的黄金时代越远,就变得越没有价值。我们爬上了人生的第39级台阶,然后就开始一路往下。

不出所料,随后心理学家们开始寻找推翻比尔德价值递减定律的方法。在沃尔特·皮特金(Walter Pitkin)出版他的畅销励志作品《生命始于四十岁(Life Begins at Forty)》(1932年)之前,他的同事G. 斯坦利·霍尔(G. Stanley Hall)就已经严谨地论证了这一观点。②1922年,霍尔在一项名为"衰老:生命的后半程"的研究中(这项研究是1904年霍尔一项名为"青春期"的研究的后续),霍尔创造了"中年时代的危机(middle age crisis)"一词,

---

① 乔治·米勒·比尔德《美国人的神经质:原因及后果》(纽约,1881年),第228–229页。
② 参见沃尔特·皮特金《生命始于四十岁》(纽约,1932年)。

并将其定义为一种影响30多岁到40多岁男性心灵的一场旷日持久的高烧。①然而，霍尔认为这场危机标志着真正成熟的开始。他说："现代的男性并不会在40岁前达到最高成就"，然后用尼采式的语气补充道，"在第4个十年开始时，他们才会化身超人，开始真正的事业"。②霍尔为何能够对中年保持如此积极的心态？引用他作品第一章的标题，是因为他认为中年是"老年人的青春期"。霍尔以70多岁高龄（他出生于1846年，于此项研究的两年后即1924年去世）的视角写下此文，满怀伤感地回顾了中年时代的活力。他说，在青年期与老年期之间，才是生命的本质与精华所在。因此，对中年的看法如何完全取决于你的视角。

另一个更著名的精神分析学家也认为，中年是即将开始"自我实现"的时期。在1912年和弗洛伊德闹翻后，卡尔·荣格（Carl Jung）经历了他自己的中年危机。他开始反抗无意识理论的统治，他认为从童年期到成年后，我们的人格是在持续发展的。荣格将青少年到中老年划分为四个发展阶段。中间阶段开始于35岁左右，在健康人中，这个阶段的特征是试图树立"宗教观"。后来他将这个阶段命名为"人的后半生（the second half of life）"并广为流传。荣格通过这种方式来传达，我们必须逐渐放下自我，学会思考人类所处状况的意义，即，我们终将走向死亡。那些畏惧承认这一点的人就会生病——陷入中年危机。用荣格的话来说："我们不能按照上午的方式，来度过人生的下午时分"。③

如果说中年是自我实现的时期，那么它也是自我救赎的时期。在互联网上搜索"卡尔·荣格的人生四个阶段"，屏幕上会跳出一大堆的关于正念、意识以及个人发展的网页吸引你的眼球。荣格还给他的四个阶段都起了别名——"运动员（athlete）""战士（warrior）""陈述（statement）"和"精神（spirit）"，这些别名暗示着四个阶段之间的发展关系，我们（应该努力）

---

① G. 斯坦利·霍尔《衰老：生命的后半程》（纽约，1922年），第12页。
② 出处同上，第29–30页。
③ 荣格《寻找灵魂的现代人》。凯里·拜内斯与W. S. 戴尔译本（伦敦，1933年），第125页。

从一个阶段进化到下一个阶段。在"陈述"阶段，我们成为父母、失去父母，走向成熟，对应中年以及中年的"下午心态"。四个阶段中蕴含了盘点的意味，反映了荣格希望我们随着年龄的增长而采取日益"宗教式"的态度。[1]尽管这种态度需要我们从关注自我转向关注他人，但在鼓励"无我"的同时，仍然强调自我是衡量一切的标准。用德尔菲箴言（译注：源自德尔斐阿波罗神庙中的阿波罗神谕之神圣格言）来说就是，"认识你自己"——尤其是在中年时代。

但是，正如杰奎斯所指出的那样，中年危机不仅仅在概念上存在悖论，在这种"无我"的自我实现的时机上也同样存在。因为从更积极的角度来看，中年也是我们人生的巅峰时段。在这个阶段，我们可以充分发挥自己的经验和成熟的能力。为何我们要在人生的黄金时期郁郁寡欢？答案当然是因为这个时期已近尾声，或者更确切地说，因为我们意识到了它已近尾声。杰奎斯引用了他的一名患者在30多岁时所说的一段颇具空间画面感的描述，"在此之前……生活就像是一望无际的上坡路，除了遥远的地平线以外别无他物。而现在，突然之间，我似乎到达了山顶，展现在眼前的是下坡路，而路途的终点就在眼前了。"换句话说，顶峰就是下坡路的开始。

和杰奎斯的患者一样，我们都会在中年时面临这样的问题。即使对于我们这些并非天才的人而言，也应该重新思考如何避免"平台期"的问题。成功而忙碌的生活并不能消弭这个问题。事实上，我们的生活越是成功和积极，就越容易倾向于逃避自我评价——但它是无可避免的，在心理上也是必需的。用意大利诗人切萨雷·帕韦泽（Cesare Pavese）的话来说，我们无法通过逃避而从某件事中获得解脱，只能学会与之共处。[2]杰奎斯引用了患者的一句话：每当开启新的一天，他最喜欢的口号是"要么行动，要么死亡"——但是他分析了一下，记忆中自己总是把这句话缩短简化成"放手去

---

[1] 荣格《寻找灵魂的现代人》。第66–67页。
[2] 切萨雷·帕韦泽《生活的本领：日记1935—1950》。约翰·泰勒译本（新泽西州新不伦瑞克省，2009年），第265页。1945年11月22日的日记条目。

做"。这名患者正处于人生的鼎盛时期,用杰奎斯的话来说,正是应该"放手去做"的时期。他用鼓舞人心的口号说服自己,死亡是可以被否认的。

如此说来,中年危机似乎是一个非常"上流社会"的问题,是一种由于西方资产阶级生活方式的传播而成为可能的现代奢侈品。可以想象,黑暗时代无论是贫穷的佃户还是自给自足的农民,都有的是事情需要担心,没空管自己的头发是否正在逐渐花白。他们甚至不一定能活到足以享受中年的年龄。目前我们倾向于相信,是由于现代医学的出现才大大延长了人类的平均寿命。如果计算一个时代整体人群的平均寿命,将那些英年早逝(在当时很常见)的人也包含在内,那么情况确实如此。但是如果只考虑知识阶层,并排除新生儿死亡率这个因素,那么受教育人群的平均寿命在数个世纪里保持了相对稳定的状态。例如下表中所展示的统计数据:

历史上男性的预期寿命[①]

	年代	平均年龄
犹大国王	1000—600 BC	52
希腊哲学家、诗人和政治家	450—150 BC	68
	100BC后	71.5
罗马哲学家、诗人和政治家	30BC—AD120	56.2
基督教神父	AD 150—400	63.4
意大利画家	1300—1570	62.7
意大利哲学家	1300—1600	68.9
皇家医师学会僧侣会员	1500—1640	67
	1720—1800	62.8
	1800—1840	71.2
十五岁男性的平均预期寿命	1931	66.2
	1951	68.9
	1981	72.0

[①] 引自 J. P. 格里芬《历史上预期寿命的变化》(略作简化),《皇家医学会杂志》,CI / 12(2008年12月1日),第577页。

I 危机与悲伤："中年"一词的发明

　　尽管预期寿命的统计受到样本量和数据来源（统计对象）的影响而有很大的波动，但毫无疑问的是，那些历史上能够存活到成年的人，其实比我们现在所想象的要长寿。到20世纪后期，人类寿命相较于过去一千年的平均值延长了大约10年；21世纪早期，又进一步延长了将近十年的时间，大多数发达国家预期寿命的估计值达到了80岁上下。然而，从古至今，一个人只要能够安然度过童年，并进入受教育阶段，那么就有很高的机会可以达到旧约圣经中所言的"古稀之年"（除了嗜血的罗马人）①。在维多利亚时期，5岁以上男性的预期寿命已经远超过了70岁。②托马斯·霍布斯认为，20世纪前人们的生活是肮脏、野蛮且短暂的，而上述数据有力地反驳了这样的观点。

　　延伸一下，这些数据还可以进一步表明，在历史上"中年时期"的定义是相对不变的，保持在30岁到40岁的中间阶段（35岁上下）。诚然，这并不意味着对中年的理解也是一式一样。无论在西方——对于30多岁的意义，莎士比亚和蒙田与当下的我们有着不同的理解——还是在东方，历史上不同时期日本人对于"大叔（ossan）"的定义徘徊在"老人"和"中年人"之间，近期甚至衍生出了一个商业概念——"可供租用的中年人"。③但是至少在生物学上，中年的定义意外地保持了相对一致。

　　至少对于受教育的男性来说，确是如此。但对于女性而言，情况却有着惊人的不同：

---

① 旧约圣经中用"three score years and ten"即70年指代人一生的时间。——译者注
② 参见朱迪思·罗伯瑟姆和保罗·克莱顿《不适当且不良的饮食？第三部分：维多利亚时代的消费模式及其健康益处》，《皇家医学会杂志》，CI / 9（2008年9月1日），第454–462页。
③ 参见www.japanesewithanime.com/2018/04/ossan-meaning.html，2019年11月7日访问。苏珊·斯库蒂和若月洋子"日本人租用中年男人的真正原因"一文，CNN健康频道，2018年8月3日报道。

历史上女性的预期寿命（在15岁时进行的估计）[①]

年代	平均年龄
1480—1679	48.2
1680—1779	56.6
1780—1879	64.6
1891	61.6
1901	62.6
1911	66.4
1921	68.1
1951	73.4
1961	75.7
1971	76.8
1981	78.0
1989	79.2

从女性预期寿命的上升中可以得出两个显而易见的结论：首先，在历史上的大部分时间里，女性的寿命明显比男性要短；其次，从20世纪开始，女性的寿命显著延长。如果要说导致这种转变的最关键因素，那么无疑是分娩过程相关的医疗技术的提高，这意味着现代女性在生育年龄之后还能享受较长的一段中年时期。帕特里夏·科恩（Patricia Cohen）对此似乎有所感悟，在她撰写的文化史《我们的黄金时代》（*In Our Prime*）（2012年）中提到，"中年"一词原本只是在19世纪晚期的美国女性杂志中作为一个人口统计学的概念出现。只有在那个工业生产规模化、工作方式"泰勒化"[②]的时代，刚获

[①] 格里芬《预期寿命的变化》。
[②] 弗雷德里克·温斯洛·泰勒（Frederick Winslow Taylor，1856—1915），美国经济学家，管理学家，被称为"科学管理之父"，他所提出的标准化、规范化，以保证最大效率的管理方式被称为"泰勒制"或"泰勒式"工作方式。——译者注

I
危机与悲伤:"中年"一词的发明

得解放的中产阶级妇女可以自由追求个人利益;只有在那个后工业时代,女性的中年生活才变得美好。是机器时代创造了女性的中年时期。①

这种现代的性别偏见不仅体现在中年的概念上,也体现在商业上。19世纪的大众媒体几乎不会传播年龄焦虑,他们只会利用它牟利。60年代的中年还没有危机的含义,他们编造这个词汇只是为了刺激大众消费。敏锐的作家和思想家们,早在杂志向他们兜售美容产品之前,在精神科医生向他们解释这些症状之前,就已经凭直觉感受到了衰老的危机和焦虑。例如安达卢西亚诗人耶胡达·哈莱维(Yehuda Halevi)在20世纪初写下的诗句,智慧而简洁,几乎达到了形而上学的地步:

当一根白发孤零零地出现在我的头上,我用手把它拔了出来,它说:"你可以一根一根地拔掉我,但是大军即将到来,你要如何应对?"②

我们中的每一个人,谁不曾有过这样的感觉呢?从古至今,无论男女,我们都在与时间赛跑,并且总是一败涂地。否认是一个强大的武器,并且在一段时间内十分有效。正如弗里德里希·尼采(Friedrich Nietzsche)所说,遗忘是通往良好心理健康的大门。但是迟早我们必须接受这个事实:我们已经不再年轻,剩下的时间已经比已度过的时间要短了。我们迟早要考虑如何对付来势汹汹的白发大军。我找不到一个委婉轻松的说法,只能直截了当地说:我们拼尽全力,仍然会走向死亡。既然悲伤总会到来,那么不如早一点开始。

---

① 参见帕特里夏·科恩《我们的黄金时代:中年的动人历史和充满希望的未来》(纽约,2012年)。
② 耶胡达·哈莱维《当一根孤独的银发出现在我的头上》。彼得·科尔译本,出自《诗歌的梦想:来自穆斯林和基督教西班牙的希伯来诗歌,950—1492》(新泽西州普林斯顿,2007年),第149页。

悲伤：中年的五个阶段

如果说"性"和"中年危机"是在20世纪60年代出现，那么同时出现的还有悲伤（grieving）。1969年，瑞士精神病学家伊丽莎白·库布勒-罗斯（Elisabeth Kübler-Ross）在一本名为《论死亡和临终（On Death and Dying）》的书中，提出了如今我们熟知的悲伤的五个阶段。[①]库布勒-罗斯原本描述的是临终患者所经历的几个标准阶段，按照首字母可以缩写为DABDA：否认和隔绝（denial and isolation）、愤怒（anger）、交涉（bargaining）、抑郁（depression）和接受（acceptance）。这五个阶段的分隔并不明确，也并非严格地连续出现。患者可能在不同阶段之间来回转换，但在特定的时间点，所有情感中总有一种最具压倒性，从而产生了这个强有力的模型。因此，这个模型很快被应用于专业论述，同时也在大众的通俗话语中流行起来。或许这个模型能够被广泛使用的首要原因是，它委婉地将死亡视为了一个过程，而这样做的话意味着个体最终会接受它；而对于他人而言，生活可以在恰当的时候继续下去。时间或许并不能治愈一切，但重要的是，它能够让人归于平静。

中年是否也可以套用这五个阶段呢？如果说库布勒-罗斯的模型中悲伤是哀悼肉体的死亡，那么中年则哀悼的是它自身的消逝。它代表了死亡的早期形式，随着生命的残酷本质逐渐显露，它第一次给我们带来了死亡的明确暗示。尽管我们已经多次在别人身上看到这种残酷，但我们从此时才意识到它也发生在我们自己身上。相较于学术圈，"中年危机"和"悲伤的五个阶段"在普罗大众中更为流行，表明了大众也普遍需要这样的模型。虽然二者在公众理念中都获得了惊人的流行度，但它们之间最大的区别是，在中年，时间流逝并不会带来平静；从身体的角度而言，时间流逝不会让情况好转，只会变得更糟。然而，从心理学上来说，常规经验显示，随着年龄的增长，我们会更容易学会与衰老共处，因为年轻时的记忆会逐渐远去，变得模糊。

---

① 参见伊丽莎白·库伯勒-罗斯，《论死亡和临终》（纽约，1969年）。

正如悲伤的五个阶段中DABDA的最后一个首字母A，中年的最后阶段也是接受（acceptance）。

否认

我孩提时代最生动的记忆之一是我父亲的40岁生日聚会。我当时应该已经10岁了（我对10岁前的童年记忆非常模糊，因此这段记忆显得尤为突出）。我母亲比我父亲要小3岁，此前，我从未有意识地观察过某个人达到40岁时的状态。我还记得当时我父亲有多么高兴，他如狮子一般的长发披散在耳后，朝着聚在一起向他祝贺的朋友们微笑，脸上的雀斑闪着光。然而令我疑惑的是，每个人都不停地告诉他"人生从40岁才开始"——毫无疑问，这也是令我对这一天记忆犹新的原因。我还清楚地记得自己当时的困惑感：人生怎么会在中途才"开始"？难道不是早就开始了吗？那过去的40年里，我父亲都在干什么？

如今的我也到了这个年龄，只能对着曾经稚嫩的自己微笑。孩子们还没学会讽刺，他们也不会理解我们因为一些人类必须经历的处境而试图温柔地互相安慰的做法。这些互相安慰的俗套话正是我们的否认宣言：我们告诉彼此生命才刚开始，正因为其实生命并非刚开始，而是已经不可否认地到了中间阶段。在我打下这几行字的时候，我的年龄正好到了英国男性平均预期寿命的一半——41岁半。但是，如果在生日贺卡上写——40岁了，人生就这样继续下去吧，这样的话显然不是一句动人的祝语。

因此，中年不可避免的第一个阶段也是否认。当第一根头发变白脱落，当第一条皱纹像镜子上的裂痕一样爬过脸庞，我们总会竭尽全力忽视掉。世俗的空虚（vanity）变成了巴洛克式的虚无（vanitas），就像帝国游行队伍中的奴隶一样，白发向我们低语着"勿忘人终有一死"①。我们都有过这样的

---

① memento mori，拉丁文古语。——译者注

经历，当我们照镜子的时候看到了松弛皮肤下隐约可见的颅骨，我们也都曾经试图去否认这样的经历。这种经历（或者更确切地说是社会和文化对这种经历的解读）对于男性和女性而言或许是不同的：在40岁以前，男性可以在很大程度上避免意识到生物学上的身体变化，而女性则会从很早就开始不断地承受来自化妆品行业、文化行业以及"生物钟"这个概念所带来的压力，要求她们保持"年轻""活泼"。在这方面，中年被暗中定义为一种失落心理，而女性甚至没有失落的资格。如果她们这样做，反而很有可能被嘲笑。

然而，无论哪个性别，否认对于我们而言都是必不可少的。如果说死亡意识是构成人类处境的成分之一，那么对这种意识的压抑也是如此，正如哈利维（Halevi）的诗歌所言。玛丽·雪莱（Mary Shelly）在她的晚期浪漫主义作品反乌托邦小说《最后的人》(*The Last Man*)（1826年）中捕捉了这种心理，写下了令人记忆深刻的句子：

> 我想，你们都在走向死亡；在你们的身边已经建起了坟墓。有时，因为上天赋予你的敏感和力量，你幻想自己还活着；但是，笼罩生命的树荫是如此脆弱；解开绑住你的银丝弦。①

我们通过否认死亡来保持对生命的幻想，没有它，我们无法再享受生活。从这个角度来说，中年正体现了人类生命有限这一本质特征。为了充分体会中年，我们必须先经历否认。

愤怒

当我自己也终于到了40岁，我很惊讶自己并没有收到任何一张生日卡片

---

① 玛丽·雪莱，《最后的人》（牛津，1994年），第240页。

I
危机与悲伤："中年"一词的发明

告诉我"生活才刚开始"。或许，这种对于中年的温和讽刺，和其他许多对待中年的方式一样已经过时了。但是，我在结婚后进入了一个法国家庭，确实听到了很多亲历者谈论"40岁危机（*la crise de la quarantaine*）"。40岁，不仅是"生活才刚开始"的年龄，也的确是中年危机到来的时候。

　　为什么会如此呢？《圣经·旧约全书》中说，人的一生有70年，那么35岁正标志着一生的中点；同样被很多人认可的观点是，5年后，即40岁是人生真正的转折点到来的时刻。人生的这一中途站，似乎是放之四海而皆准的，并不仅限于现代，也不局限于西方的犹太-基督教文化。例如，在14世纪的安达卢西亚，阿拉伯学者伊本·赫勒敦（Ibn Khaldūn）在其伊斯兰世界经典史书《历史绪论》（*Muqaddima*）（1377年）中写道："理性和传统清楚地显示，40岁意味着个人力量发展和进步的终结。当一个人到了40岁，他的成长就会自然而然地停滞一段时间，然后就开始衰退。"[①] 在伊斯兰教的传统教义中，穆罕默德在40岁时从天使加百利那里得到了启示，赫勒敦的理论正与之相契合。令人印象深刻的，不仅仅是他在应用逻辑学和史学方法进行的分析（或者他所提出的，人会在40多岁时进入一个平台期，在此停滞一段时间），还包括他后续使用人类学方法进行的论证。他提出，对于从沙漠游牧民族生活中产生的"定居文化"而言，40岁同样是一个极限，40岁后，优雅而殷实的生活会让人变得"屈从于欲望"，"人类的灵魂会被打上多重印记，破坏了他的宗教信仰和世俗的幸福"。用已经成固定搭配的现代术语来说，那就是我们的生命在第4个十年结束时迎来了自然而然并且看起来似乎是普遍存在的危机时刻。

　　然而，"40岁"既是一种生理阶段，更是一种心理阶段。因此，中年作为一种因文化而异的现象出现。某天早上，当英国国家医疗服务局寄来的那封不起眼的小信件从信箱里掉下来，宣布你已经进入了人生的第5个十年，

[①] 伊本·赫勒敦《历史绪论》，弗朗茨·罗森塔尔译本（新泽西州普林斯顿，2015年），第285页。

应该每年做一次检查以确认你的心脏是否状态良好——就好像"中年"不请自来地站到了你家门口。用罗兰·巴特（Roland Barthes）的话来说，这样的事件构成了标志着中年开始的"音顿"①。巴特认为，如果没有这样的时刻，我们的身体仍然会悄悄进入中年，但在心理上我们并不会意识到这种转变。他引用了一个更具戏剧性的例子来说明，据说特拉普修道会的创始人阿伯特·兰奇（Abbot Rancé）在37岁时发现了他的情妇被斩首的尸体，然后立即退出了修道会。对于巴特而言，相比于身体阶段，中年作为心理阶段的意义更为重大。②

这样的状态会引发人们的愤怒和否认并不令人意外。如果生活是一个U形曲线，中年就处于最低点，既不如年轻时机敏，又不如年老时优雅。根据统计数据，人们在40岁至55岁之间，也就是中年时期开始的时候幸福感是最低的，因此U形曲线成了西方人一生中"幸福指数"变化的标准曲线。事实上，这种不幸福感可能更多源自于内在而非外界。一个满腹愁怨的中年同事简直是个俗套故事，因为，哎，这太过真实了。中年时期的基调就是满腹怨恨和自以为是。周围的年轻人就像是曾经闪亮耀眼的自己，在这样的威胁下，难免产生不安全感和"我已经老了"的感觉。有趣的是，大众心理学中缺乏针对这种中年困局的术语。我们都听过弗洛伊德所说的俄狄浦斯情结，但通常不会把自己代入其中的父亲或母亲的角色，而是本能地认为自己是故事中的年轻人俄狄浦斯王子或者伊莱克特拉。③或许我们需要用奥德修斯情结来作为俄狄浦斯情结的补充，如果说后者是年轻人的神经症，那么前者就是中年人的。

因被下一代威胁而产生的愤怒，与所有中年的心理机制一样，反映了一生中我们与自我对话关系的变化。要是有人从我们脚下（或者实际上是从我

---

① caesura，指诗行中间的停顿。——译者注
② 参见罗兰·巴特：《夏多布里昂：兰奇的生活》，载于《新评论随笔》。理查德·霍华德译（伊利诺伊州埃文斯顿，2009），第41—54页。
③ 与男性的恋母情结相对应，弗洛伊德将年轻女性的恋父情结命名为伊莱克特拉情结。——译者注

们头上）把地毯抽走，我们怎能不愤怒呢？对自己步入中年的愤怒，其实就是对人类处境的愤怒，任何人都会不时地产生这样的情绪。面对死亡的愤怒感，证明了我们还活着。

然而，这种愤怒也构成了中年高产和积极的一面。在这种愤怒的刺激下，我们会去执行新的计划；在自尊的驱使下，我们发现新的能量、新的途径来让自己保持年轻。关于中年危机的俗套故事中，总是有时髦的跑车和艳俗的新伴侣，这其实是对随着衰老而下降的性欲的过度补偿，是这种新能量的庸俗版本。然而在创造性的引导下，这种能量催生了我们所拥有的最美妙的艺术作品。简而言之，对中年危机的愤怒，也可能正是中年走向成熟的前兆。

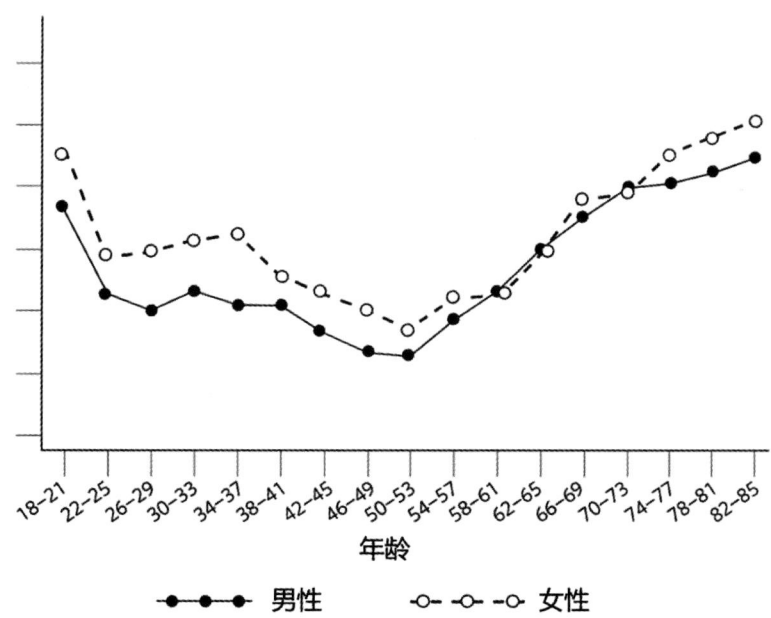

◆ 幸福感的U形曲线：全球范围幸福感梯度（每四岁为一个年龄组），源自一项2010年的美国研究。

交涉

我们是否能够迈出"交涉"这一步,取决于我们对于衰老的态度。当然,这种态度本身就在随着时间不断变化。年轻时候的我们对于衰老只有一个抽象的概念,而真正开始变老的时候则会有完全不同的感受。接受自己的老去本身就需要一个过程,在此过程中我们需要不断调整心态,不断重新评估我们对自己的看法。与青年和老年相比,中年的定义本身就是渐进式的,交涉就成为中年心理不可避免的一部分。

从数学的角度来说,处于人生"中间点"的概念只能是假设性的,因为我们当然不可能知道自己会在什么年龄死去。正如巴特所指出的,"生命的中间点显然不可能是一个算术中点,因为在写下这句话时,我怎么能精确地知道自己的寿命,从而将它两等分呢?"[①]我现在到底处于人生的前半段还是后半段?我到底是还"年轻",还是已经"老"了?中间点的不确定性意味着至少在一段时间内,我们还可以就这个问题讨价还价。如果我们通过自己讲述的故事来定义自己,那么故事的基本要素之一就是我们将自己定位在什么年龄。

记忆中,年轻时候的我们总是希望快点长大、成熟,但从什么时候我们开始希望自己能够变年轻呢?中年时期的我们总是在不断和自己讨价还价:我可能是长了点皱纹,但至少我现在有孩子了;我可能是有孩子了,但至少现在我已经有了更高的地位。由此产生了衰老的"相对论"——时间过得快还是慢,取决于我们(不断变化)的视角。我们在几代人中处于什么样的角色是一个非常重要的影响因素;一旦失去了父母,我们就会觉得自己在生命队列中的排序被打乱了;但从另一角度,成为父母也会产生巨大的影响,因为时间让我们的孩子飞快地发生着变化,让我们意识到时间的流逝。简单来说,衰老并非一件绝对的事情。

[①] 罗兰巴特"在很长一段时期里,我都是早早就躺下了",出自《罗兰巴特:语言的嚆鸣》,理查德·霍华德译(加州伯克利,1989年),第277–290页。此处引用第284页。

从创造力的角度来说，对时间流逝的意识逐渐强化可以带来一种紧迫感，迫使我们去完成一些被推迟的事情，或者开启新的尝试。我曾经问一位30多岁的朋友，为什么她能在教书、做研究和抚养孩子的同时，还要开始学习精神分析课程和撰写小说，她的回答令我很震撼："因为我们的时间不多了"。通常只有在某事物的结尾我们才会有"时间不多了"的概念，很少在中间的时间段产生。但在这里，我的朋友用它来表达中年的紧迫感。如果幸运的话，这种紧迫感会为我们带来我们所渴求的能量。

这种紧迫感在西方文学史上留下了深刻印记，包括明确描写中年的作品或者受到中年隐含的启发的作品，因此我们或许可以称之为"缪斯般的中年"。因为创造力是人类对抗死亡的主要手段之一。我们的生命是有限的，但我们可以写一部小说，生几个孩子，或者建一栋房子。虽然总有一天会死，但至少我们可以留下一些东西。然而，对时间流逝的感知同样可以被理解为一种麻木，就像把一盏无情的探照灯照射到所有我们还没完成，或者做得不好的事情上。中年也可能是一段停滞的时期。

抑郁

如果不及时处理，这种停滞会导致很长一段时间的抑郁，这是中年时期会反复经历的事情之一。传说中的"危机"正是人试图摆脱停滞状态的努力，但是很多人没有勇气（或者蛮劲）去这么做。随着青春时代的能量逐渐耗尽，随着人际关系、事业和后代都进入了长期稳定状态，一个非常现实的危险就是陷入冷漠和重复，甚至对自身存在的厌倦。伟大的现代哲学家阿图尔·叔本华（Arthur Schopenhauer）曾有一句名言：生活，要么无聊要么痛苦。在糟糕的日子里，很难说这两种感觉哪种更糟糕。中年失去了青春的欢愉，走向乏味，也难怪我们会感觉到自己被困在了人生U形曲线的底部。

除了这种与生俱来的厌世感，中年抑郁的另一个主要原因是幻想破灭。

心怀"希望与梦想"这种宏伟的陈词滥调是年轻人的特权,也是年轻人不可或缺的面向未来的动力。奥地利作家让·埃默里(Jean Améry)是奥斯威辛集中营的幸存者,对中年幻想的破灭略有感触,他写道:将"荣誉"授予年轻人,而拿走老年人的;要是没有这个,简直无法想象。①但是,随着时间的推移,人们会逐渐意识到,即使在最好的情况下,这些愿望也只有一小部分会实现;即使实现了,又会产生新的愿望来取而代之。用奥斯卡·王尔德(Oscar Wilde)的话来说:经验,就是人们为中年所起的名字。

对于心理健康而言,幻想当然是必不可少的,难怪中年生活的交涉如此棘手。每天面对死亡和生命有限的真相,在情感上是难以忍受的,这也是为什么我们总是让自己忙于各种各样的任务。对生活"保持期待"不仅仅是一句俗语,而是生存必需品。例如,格雷厄姆·格林(Graham Greene)小说中典型的主人公,一个精疲力竭的中年男子,他的特点就是无法对生活保持期待。但是,即使是我们中的佼佼者,能写下的书是有限的,能去的地方也是有限的。即使是生活最忙碌的人,也会有很多事情来不及做。随着年龄的增长,"未来"的空间会越来越小,留下的能让我们藏身的角落越来越少。因此,有些事情要么现在就做,要么十有八九永远也不会做了。

当我们"缅怀"自己的青春时所产生的某种程度的抑郁显然是危险的。时间的铁律压倒一切,无可逆转。尤其是当我们埋怨生活还没有履行承诺,去兑现我们不断被告知我们应该想要的所有东西:爱、成功和自尊。即使拥有了这些,也无法保证一定会让人满足。"感到满足"这件事情本身就会催生一种强烈的欲望,让人想要把一切抛向空中,重新开始。从这个角度来说,"餍足"和饥渴同样危险。如果说欲望是人类的本能,那么欲望的实现就是一种最阴险的惩罚。当众神想要惩罚我们时,他们就会回应我们的祈祷。

因此,为了我们的理智,我们必须保持渴望。正如人类学家一直以来所指出的,我们在语言上、心理上和文化上都会受到未来时态的影响,因为我

---

① 让·埃默里《变老的哲学:反抗与放弃》(斯图加特,1968年)。

们是唯一能够理解"未来"这个抽象概念的物种。"过去"是异国他乡,我们只有探访的权利,而"现在"总是短暂的。因此,面向"未来"的计划是不可或缺的。库布勒-罗斯提出的五个阶段的最后一个也是如此,只有承认了我们已经被过去所放逐,我们对未来的渴望正在逐渐减弱,才能让我们与身体的生物学变化保持步调一致。悲伤是如此,中年也是如此:接受是人们虔诚盼望的圆满。

接受

应该以什么样的方式来接受中年?事实上这正是本书所提出的关键问题,并通过对各种作品及其作者的探讨做出了不同程度的回答。我自己对这个问题的答案,在回忆这本书的轨迹时浮现出来:通过把我们的焦虑转交给比我们更强大的灵魂,我们可以利用文学和文化来帮助我们梳理自己的思想和情感。通过阅读疗法,我们可以学习如何接受变老。但这并不是说从书中能找到什么"正确"的方法帮助我们做到这一点。本书中所记叙的各种各样的声音,展现了对中年到来的各种可能的反应。本书中所提到的作者们,他们用各自的方式将焦虑转化为艺术,但是他们的手段是截然不同的。从宗教到美学,从政治到个人,文学作品中对中年自我的定位,随着时代和文化的不同而各异。然而,他们都有一个共同点,那就是从时间的必然性中构建出具有创造性之美。要做到这一点,就必须接受中年、皱纹和所有的一切。

从某种意义上来说,要用积极的说法描述中年生活其实是很容易的。如果用"成熟"代替中年,那么U形曲线就会变成钟形曲线,中年不再是人生道路的谷底而是顶峰。这无疑就是莎士比亚那个有名的比喻"人生就像一场七幕戏剧"所隐含的意义:在名作《皆大欢喜》中,莎士比亚通过杰奎斯(Jaques)的口吻描绘了"人生的七个阶段",其中第4和第5个阶段显然是人生的巅峰——勇敢的士兵和明智的法官,代表了一个人社会地位和道德水平的顶峰。[①]成熟就等同于道德，这是不言而喻的。

但仍然还存在问题，在士兵和法官的后面还隐藏着"趿着拖鞋的老头"和"重返孩提时代"。接受成熟和成熟的所有优点，即人生第4和第5阶段所代表的权力和判断力，也意味着接受中年和中年所有的缺点。最重要的是，这意味着我们要摒弃自己可以控制一切的幻想，首当其冲的就是控制我们自己的死亡。这是一件几乎不可能做到的难事，无须多言。因此，我们所做的——我们当中最具创造力的人、所做的最令人信服的事情——就是去控制那些我们可以控制的，即我们对生活的计划。

在此意义上，本书中引用的众多伟大的文学作品可以被视为既接受、又无畏时间的流逝。完成这些作品的前提是，作家对身处生命的中间时段有着清晰的认知，进而又矛盾地超越了这种认知。中年时代的五个阶段循环往复。从文学的角度来审视中年，我意识到自己对于文字的痴迷，其实正是对于时间的痴迷。而我现在正处于人生道路的中途，正是探索人生的最佳位置。过去与未来、青春与成熟，所有的视点汇聚在了青春消逝的这一刻。如果时间是衡量人类处境的真正标准，那么我们可以从但丁、蒙田、歌德等作家，或者其后继者T. S. 艾略特、贝克特和波伏娃那里学到的是，在我们对人类处境进行的最为深刻的思考中，中年既是主题，也是动机。有一点是毋庸置疑的：中年时期，正是最具人类特色的处境。

---

① 威廉·莎士比亚《皆大欢喜》，第二幕第7场。

II

左右为难之人：
中年的哲学

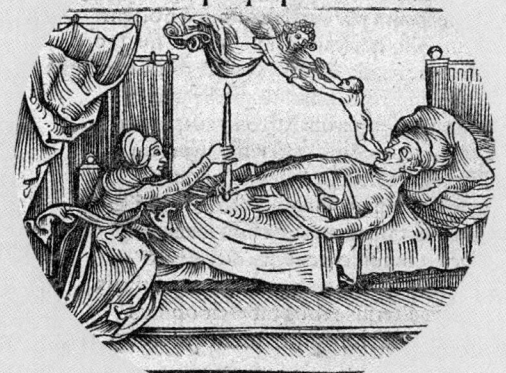

太初有道①，末有启示；二者之间，唯有沉默。

《圣经》上这句话同样适用于当代对人生三大阶段的看法。诞生和开端有着它们"创世"般的文风：因其是光荣的，从而往往被冠以魅力的神圣火花；尾声则因为死亡的迫近而被诉诸悲怆：生命晚期、晚年的风格以及晚年的创造力已经是年长者们的老生常谈。不过，中间的这段在职业成就、个人满足感和社会声望上具有决定性意义的关键时期又如何呢？中年有着何种特点呢？

在这个凡事以年轻为标尺的社会里，这个话题一直是很大的忌讳。倘若真的如尼采那清醒的疯子声称的那样，上帝已死，那么年轻便是它的替代品，在今天被普遍地崇拜、不断地奉承，乃至被乞求以施予哪怕是转瞬即逝的恩惠。相反，位于生命另一端的老年则愈发被认为是反向典型，是一个反抗年轻之暴政的崇高典范。自千禧年之交伊始，第二次世界大战后婴儿潮一代的衰老使探讨"年纪渐长的愉悦与危险"的回忆录和研究在数量上激增②。然而，在生命的核心之处所空缺的，正是将生命两极联系起来的挫折磨难。在当今西方世界，人们真正恐惧的，与其说是年老，不如说是不可逆转的岁月流逝感将野心和干劲消磨成冷漠和停滞。中年，才是真正的恐惧。

---

① 《约翰福音》（第1章第1节）——译者注
② 例如，可参见琳恩·西格尔《过时：年纪渐长的愉悦与危险》（伦敦，2013年）。

II
左右为难之人：中年的哲学

这个话题如此声名狼藉，也证明了人们对其的避讳。对大部分人来说，一提到"中年"就让人联想到种种自然衰退：松弛的身体、更年期、中年发福（middle-age spread）。除此之外还有随之而来的心理焦虑——壮志未酬的挫折感，被同龄人甩下的恐惧感，照顾老小的负担感。显然，这个词一点儿也不积极。在痴迷年轻的西方，没人想要承认他们在衰老，直到中年在他们的脸上留下的鱼尾纹越来越深，衰老变得无可回避。正因如此，一个庞大的文化机制应运而生，试图力挽狂澜，对抗对时间的流逝，对整个生命阶段造成了无形的压制。本书中我们将看到，情况并非总是如此。尽管文化对衰老的态度最明显的转变莫过于在中年，而在现代西方社会中却似乎并没有什么从年轻到衰老的过渡阶段。

好吧，就我而言，我愿意去接受我的年龄。我们为什么为衰老蒙羞？为什么我们从老照片中看到自己时会感到尴尬？也许比起结果，过程更使我们羞愧：年老就是走到了生命的终点，而中年不过是和其他人一样在苦苦挣扎。评论家往往把晚期的风格和伟大的风格画上等号。纵观伦勃朗、贝多芬、莎士比亚等迥然不同的人物，只有他们的职业生涯的尽头得以被称为辉煌的顶峰，而中期的风格则无法享有这种美名。中年的风格仅仅是种风格，正因为"中间"的定义正是它不具备某些特征，因此理论上它很少被当作一个认识论上的位置。它既不夸赞创始时的激动感，又不称道完成时的感染力。它只是简简单单地属于中间，构成了实际上组成我们大部分生命的大量灰色物质。为了去把握这种棘手的物质，我们将首先在一些现代哲学的基本模型中讨论"中间"的概念。

任何对"中间"的表达都隐含着一种辩证结构：正是两极之间的张力创造了其中的空间。在德国哲学家格奥尔格·威廉·弗里德里希·黑格尔的《精神现象学》（*Phenomenology of Spirit*）（1807年）中，他认为是正-反-合（thesis-antithesis-synthesis）的循环往复推动着"世界精神"的发展。一个初始的想法，即"正题（thesis）"，引出相反的"反题（antithesis）"，再在交互影响中产生二者的"合题（synthesis）"。这个合题继而成为一个新正题的基础,整个循环再次开始,如同一个阿基米德螺旋泵一般不断将水推向高处。在这个三段性模型中,作为中间元素的反题力量具有目的性上的推动力,将自身与初始正题相对,从而把先前的目标转化成后来的成就。在黑格尔的一系列三段式结构当中,中间的部分起到了塞缪尔·泰勒·柯勒律治所说那"有益的对抗"的作用。它激励了过去纯真的伊始,使之变成未来伟大的圆满。在对立之中,答案自现。

黑格尔将三段论映射到历史的各个阶段,我们也可以将其映射到生命的各个阶段,显然"反题"对应了中年。它提出了对于衰老的一种乐观视角,即中年的挣扎和疑惑其实是步入老年的必要前提。黑格尔的辩证法,在20世纪思想家西奥多·阿多诺(Theodor Adrno)的笔下被重新构建为"否定辩证法",反题仍然被置于中间未完成的位置,无法走向一个如宁静晚年一般的合题。但不管怎样,这一辩证模型预示着中间阶段是关键的、不可或缺的时刻。以或许是最著名的三部曲之一来举例,《帝国反击战》可以说被公认为是三部《星球大战》电影中最好的一部,因为它既打破了第一部的独立状态,又铺垫了最后一部的完满结局。因此,中间需要两端,两端也同样需要中间。

话虽如此,这样的三段式结构有个问题,那就是两端对中间抱有明显的反感。想要知道文化是如何厌恶中间之物的,只需想想关于中间的术语被用作贬义的各种情形,诸如"平平无奇"这样的负面评价,或是"中层管理"的"毒手"。"平庸"是最悲惨的命运,连轰轰烈烈的失败都比它好得多。诚然,这种判断是具有文化特殊性的。例如,英国人就像个偏心轮,他们基于与假想的中心点之间的差距来定义自己。但在任何文化、任何语言当中,都隐藏着一种反复出现的感觉,那就是处于中间就意味着变得平凡、缺乏创造力又枯燥无味。就像玩过顶传球时处于中间的人(the piggy in the middle)永远也拿不到球。

但体育运动中所使用的关于中间的隐喻却有积极的一面。板球和棒球运动员所说的"打在点上"(middling a delivery),指的是把握某个恰到好处的击球时机,此时几乎可以说是毫不费力地就能让球疾速飞出。在这个俗语中，确定某件事恰当的"时机"正是指的找到最中间的时间点。从这一点上，人们或许可以将中间变形为更积极的词语"中心（centre）"，将其理解为所有力量和荣耀的源泉。把握击球时机（middling a stroke），与击出平庸的一球（a middling stroke）正好相反。

最具影响力的美好人生理论家也赞同这点。亚里士多德（382—322 B.C.）在《尼各马可伦理学》（*Nicomachean Ethics*）的第二卷中宣扬了著名的"中庸之道（the doctrine of the Mean）"的思想。他从数学公式推断，将其理解为"既勿过度，也无不及"（尽管他也将其视为一个相对的概念，随着我们的能力和生活阶段而变化）。① 亚里士多德阐述的这个"中庸之道"可以调节，或者说理应调节我们性格与行为的方方面面。另在《欧代米亚伦理学》（*Eudemian Ethics*）中他写道，道德德性之"习性（hexis）"乃"万事皆行中道"②。我们应乐而不淫，哀而不伤；不过于乐观，也不过度沮丧。正如能工巧匠在作品中追求平衡，作为有德之人，我们也理应如此。对亚里士多德来说，美德即处中道，万物皆应适中。

亚里士多德在《修辞学》（*Rhetoric*）中将此道理推广到生命的阶段当中。少者果敢，长者胆怯，"壮年人的性格显然是介于两者之间，减少了两方的极端之处。"③ 先不考虑这话本身是否有待商榷，"显然"这一副词在此处表达了很多含义——亚里士多德对成熟本质的假设告诉我们许多当时隐含的文化期待：人，也只有人应当"节制中有勇气且勇气中有节制"。而这个模型同时也具有其数学性。人生的盛年（akmē）是"适度。身体在30岁至35岁之间发育完成，智力约在49岁时达到巅峰。"简而言之，一个完美的人是一个嵌合体，由30岁出头的身体和年近50岁的头脑所组成。

因此，在黑格尔的反题和亚里士多德的中庸之中，中间意味着兼具张与

---

① 亚里士多德《尼各马可伦理学》，J. A. K. 汤姆森译（伦敦，1976年），第100页。
② 亚里士多德《欧代米亚伦理学》，安东尼·肯尼译（牛津，2011年），II.5，第21页。
③ 亚里士多德《修辞学》，理查德·克拉弗豪斯·杰布译（剑桥，1909年），II: xiv，第102页。本段所有引文均来自此页。

弛，成与败。关于中点的文化历史是双向的，正因其范畴本身就是双向的，在无法挽回的过去与未知的未来间徘徊。从人类学的角度上来讲，人之所以被称为人，是因为他们具有构想不同形式的未来的能力，但也决定于人构想现在的能力。亚里士多德在他《物理学》（*Physics*）的第四章中提出，只有"当我们把极端和中间区分开"，才能理解现在；只有通过感知"先前"和"以后"，才能识别"现在"。①中间并不仅是一个道德或者数学的范畴，而是一个形而上范畴。当我写下这些字时，我可以把它们删去，我可以修改，也可以重写，这不仅是因为我活在当下这样一个显而易见的事实，也由于我能够将现在时概念化为一系列或多或少能描述的可能性。这是由于我们能够意识到自己是人类。

当然，这种自我意识恰恰是成熟的象征。众所周知，对伊曼努尔·康德来说，启蒙就是人类脱离自我不成熟状态的过程。然而，要做到这点，一个人首先要意识到自己是不成熟的。没有这种自知之明，又何谈成熟。类似地，一个人立足于人生的中途必须要意识到自己已经停止发育，已经"长大成人"了。他必须要退一步去思考现在应当如何避免重蹈过去的覆辙。黑格尔辩证法把中间当作达到目的的手段，以人生的抛物线而言，就是达到终点的途径。而康德会从根本上反对这种手段化。正如在他的《道德形而上学奠基》（1785年）中所论述的，康德主张一个人的行为必须总是把所有人当作是目的，而不是只是为了实现目的的手段。②在康德的文章里，中间必须具有其自身的力量和效果，而不是作为进一步发展的前提。

从这种意义上讲，中年既是认知结构，也是生物学事实，这无疑与我们日常生活中对于衰老的感受不谋而合。我们常常被告知，只有自己感觉自己老了，我们才真的老了。但或许中年也是如此，或者说尤其如此，当我

---

① 亚里士多德《物理学》，罗宾·瓦特菲尔德译（牛津，1996年），IV/11，第106页。
② 例如，可以参考他对"定言命令"的著名定义："无论是在你自己身上，还是在他人身上，你都要把人性作为一种目的，而不仅仅是一种手段。"伊曼努尔·康德《道德形而上学奠基》，玛丽·格雷戈尔译，杨斯·蒂默曼主编（剑桥，2012年），第41页。

II
左右为难之人：中年的哲学

们感觉自己到了中年，我们才会变成中年人。心理学和生物学之间的这种密切关系呼应了勒内·笛卡儿的心物二元论学说，此学说被认作是现代哲学的开山鼻祖。笛卡儿在他的《第一哲学沉思录》（*Meditations on First Philosophy*）（1641年）中声称要证明"心灵与肉体的真正区别"，这种区别建立在他那句著名的"我思故我在（cogito ergo sum）"的基础上。在这个基本前提下，他进一步阐明了自我意识意味着，或者自我意识所需的，是"思考的东西（res cogitans）"与"有广延的东西（res extensa）"的区分，也就是心与物的区分。在笛卡儿的论证中，正因心灵能脱离肉体领会思维，所以它们必然是不同的实体——认知能力的自我意识立足于自身。在《沉思录》（*Meditations*）中，笛卡儿由此建立了心物二元论，以及其引申出的自我意识，从而开辟了现代哲学。[①]

我们如何讲述自己的中年故事，取决于我们如何发挥二元论的作用。步入中年的基本标志之一就是，自青春期后我们的身体第一次发生了变化，我们再次开始注意自己的身体：头发逐渐变白脱落，视力衰退，啤酒肚出现。即便我们能凭借锻炼或是幸运的基因远离这些不讨喜的现象，我们也必须加倍努力才能保持下去，并且努力的收效会越来越小。总之，我们的身体再次凌驾于思维之上。然而，当成熟的经历开始缓和年轻的激情，我们的思维可以说是才刚刚到达巅峰。当心灵与肉体开始针锋相对时，便开始浮现一种剪刀效应。[②]

如果说笛卡儿的二元论奠定了现代哲学的基础，那正是因为它触及了定义现代人痴迷的核心：自我。当代可以说是一个自恋的时代。在个人心理和集体文化层面，我们通过自己的"身份"来定义自己：多数派还是少数派，异性恋还是同性恋。在21世纪，我们认为自己是什么样的，我们就是什么样的：我自我认同，故我在。不过这些认同在我们衰老的过程中会始终如

[①] 见勒内·笛卡儿《第一哲学沉思录》，约翰·科廷厄姆译（剑桥，1996年），尤指其中的第二沉思。
[②] 博弈论中的剪刀效应指双方合作时，由于一方为了自身的利益，参与的合作减少。当双方均减少合作时，利益也随之下降。——译者注

一吗？关于自我可塑性最著名的论证就是约翰·洛克的《人类理解论》（*An Essay Concerning Human Understanding*）（1690年）中关于王子与鞋匠的片段。洛克指出，"若王子的灵魂连同王子之前生活的意识一起进入并控制了一个鞋匠的身体"，我们可以说互换身体后的人和王子是同一人格，而不是同一个人。这是因为，即便交换到了另一个人的身体里，王子还是从内部观察到的是他本人（即"人格"），而其他所有人从外部看到的只会是鞋匠（即"人"）。洛克简明扼要地写道，"肉体也是人的组成部分。"[①]

显然，这条推理路线也可以应用于我们衰老的过程。在内心世界，你的年龄由你自己的感受决定（"内心觉得自己还只有20岁"）；而在外部世界，你的年龄由你的外表所决定。主观上来看，王室青年的意识可能会长久地自我认同下去；但客观上来讲，却是鞋匠衰老的身体决定了这个人的身份。中年的剪刀效应将这些对自我的主观和客观感觉割裂得越来越远，以至一些伦理学家甚至认为，所谓人生的同一性实际上都是幻觉。其中近年来最为出名的要数德里克·帕菲特的《理与人》（*Reasons and Persons*）（1984年）[②]。根据这篇著述，就连意识本身也不能保证自我不间断的连续性，因为从生至死我们发生了翻天覆地的变化，以至我们实际上（至少）也是两个截然不同人。就算不考虑他是否借用了鞋匠的身体，此王子也非彼王子。内心世界的王子已经不是内心世界那个幼年的他。

中年再次让我们意识到心灵与肉体这段"婚姻"的不易。它反复重申婚礼的誓言，却发现约定早已悄然改变。这么说的话，中年也许和笛卡儿笔下的松果体如出一辙。他将松果体称为心灵与肉体的交汇点，因为它控制着神经系统（他误认为这是人类特有的系统）周围"动物本能"的流动。作为一个生物学事实，中年显然不只是人类独有的——所有生物都将发现他们正处在生命的中点阶段。不过作为一个文化和心理学概念，倒确实只属于人类。

[①] 约翰·洛克《人类理解论》，肯尼思·P.温克勒编（印第安纳波利斯，1996年），第142页。
[②] 参见德里克·帕菲特《理与人》（牛津，1984年），尤指本书第10章"我们相信自己是什么"。

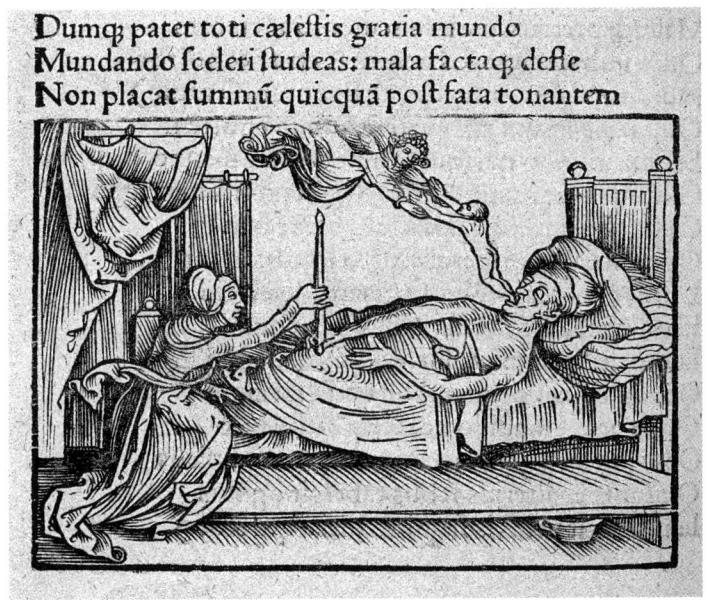

◆ 内心的孩子？同一性的错觉。出自《尸检》（1508年）（康拉德·莱特著）。

笛卡儿的二元论学说自建立开始就一直遭受质疑。其中极有影响力的一位反对者是亨利·柏格森，他的思想为奠定20世纪初期现代主义艺术与文学的基调起到了极大的作用。柏格森在他所著的《物质与记忆》（*Matter and Memory*）（1896年以法语首次出版）中指出，笛卡儿所说的心灵与肉体的区别应在于时间，而非空间：心灵，或是记忆，属于过去的范畴，而肉体永远只在现在做出行动。他提出了著名的"持续时间说"——被心灵所感受到的内在的时间的持续——作为"记忆的存续能把过去延续到现在，现在不仅以一种特殊的形式包含过去不断累积的影像，还更为深刻地呈现为随着我们日渐衰老，要背负的东西与日俱增，越来越沉重。"① 在柏格森笔下，中年愈发显出形而上的意义。

不过，中年显然也会表现在身体上。生于德国的哲学家汉斯·约纳斯在他《生命现象》（*The Phenomenon of Life*）（1966年）一书中，致力于为"生

---

① 亨利·柏格森《形而上学导论》，T. E. 休姆译（纽约，1912年），第44–45页。

物学事实"提供一种"存在主义解释",声称笛卡儿的二元对立指向的"并非通过集中于身体或心灵中的某一个而增强生命的某些特质,而是通过将二者与鲜活的中间状态分离实现双方的弱化。"①作为对二元论的一种替代,约纳斯强调了新陈代谢对于有机生物的核心地位,以凸显这种鲜活的中间状态。众所周知,我们的新陈代谢会随着年龄的增长而变化:25岁以后,我们的新陈代谢率每十载递减至少2%。步入中年时,我们对摄入热量的消耗越来越低效,这便导致了令人生厌的"中年发福"现象。中年与新陈代谢息息相关。

对约纳斯,以及大部分的有机生物学家而言,新陈代谢是生命的基本动力。但约纳斯更进一步,把新陈代谢上升到形而上学:我仍是我,只因我在无休止地自我更迭。在这个观点中,我们新陈代谢率的变化,以及中年导致的身形改变,就如同哲学家的斧头这个古老的悖论:如果我们先更换了斧柄,再更换了它的刃,它还是同一把斧头吗?不论以笛卡儿的松果体还是约纳斯的新陈代谢速度减慢为象征,处于人生中途就意味着获悉这个悖论的力量,因为我们逐渐感觉到自己的思想和身体都在不断变化,将我们变成年轻时的自己无法认出的样子。

与此同时,当代科学已然开始揭示,无论外部还是内部,这种更新都是真实存在的。在"美国的中年"这一开创性项目的带领下,威斯康星大学麦迪逊分校的衰老研究所启动了一系列关于身体衰老和大脑衰老的纵向研究。②"神经可塑性"已经成为这个领域的核心思想。而且,正如一年一度的照片拍摄可以呈现外表的缓慢变化那样,磁共振扫描显示我们的大脑也正随着年龄的增长而发生变化。40岁左右时,大脑便开始以每十年大约2%的速度萎缩——也就是说,以和新陈代谢呈现速率相同的衰减。位于额头正后方的脑区,即前额叶皮质,被认作是控制判断、自我意识以及自我约束力(弗洛伊德称其为超我)的部位,它似乎尤其容易受这种程序性衰退的影响。然而令人惊讶的是,正是这个前额叶皮质,要到我们30多岁时才会发育

---

① 汉斯·约纳斯《生命现象:走向哲学生物学》(纽约,1966年),第22页。
② 关于衰老研究所的活动和实验的最新信息,参见www.aging.wisc.edu。

完全。换句话说，我们要到此时才彻底变为一个成年人。于是，从神经科学的角度，中年貌似带给了我们了一种苦乐参半的滋味：正当我们纯脑力开始走下坡路，而增长的自信与成熟开始代偿思考速度的下降。一言以蔽之，经验可以磨砺智慧。①

这个结论从直觉上似乎很有道理，因为我们都希望自己随着成长能够以往鉴来。但我们对于大脑变化的反应因人而异。我们的环境、性格、基因构成和性别，以及其他的各种因素都在调节中年心态方面起到了重大的作用。女人会不可避免地经历与男人不同的中年时期，因为女性衰老的经历在很大程度上与更年期的到来有着内在的关联。文化上来讲，女性往往还会发现一些外部的变化，当男人们不再常常向她们投来目光时（至少她们感觉是这样），她们渐渐感觉自己变得"隐形"。这或许会受欢迎，毕竟隐身也是一种超能力；又或许不会，尽管女性权利已经在进步，但毫无疑问西方社会仍然被男性目光所主导，因此不论公平与否，无法吸引男性的目光通常被认为是一种不足。要说更年期在男性身上的等价物，也就是局限于男性的中年体验，兴许最贴切的就是脱发。从参孙②到唐纳德·特朗普③，他们总是炫耀性地把脱发奉为男性力量之冕。抛开生理因素不谈，男性与女性各自的经历在任何情况下都是没有可比性的，因为随着年龄的增长，男人仍旧远比女人更容易获得权力地位。过分的是，男人用这些权力来弥补衰老的屈辱（显然这也同样适用于女人，但是正如我们在韦恩斯坦丑闻和Me Too运动中所看到的，在女性身上这种情况很不常见）。

我不知道你是如何想的，但我很难找到这种日积月累式的（并且无疑非

---

① 本段借鉴了帕特里夏·科恩在《我们的黄金时代：中年的动人历史和充满希望的未来》（纽约，2012年）第九章中的总结，第140—159页。
② 参孙（Samson）是《圣经·士师记》中的一位人物，玛挪亚之子。参孙出生时被赋予天生神力来帮助以色列人抵御腓力斯丁人。他的母亲在他出生时与天使许下诺言，使其子成为拿细耳人。按照拿细耳人的规定，离俗期间不得理发、饮酒、吃葡萄、触碰尸体等。参孙因腓力斯丁未婚妻之死而堕落，肆意放纵肉体情欲，与腓力斯丁人收买的庙妓大利拉相爱，不慎泄露了诺言的秘密，被剪掉了头发，也失去了他的力量。——译者注
③ 特朗普内阁成员的圣经老师拉尔夫·德罗林格曾把特朗普比作《圣经》中的参孙。——译者注

常男性化）衰老模式有什么吸引力。它把人生塑造成一场永无止境的奥运会，人们被那富有竞技精神和比较精神的口号"更高、更快、更强（*citius, altius, fortius*）"激励着不断前进。在我看来，思想史和文学史则展现了一个更有价值的相反模式：并非去弥补衰老带来的屈辱，反之是去培养它。关于中年的文化历史教给我们的深刻之一，就是谦逊能让耻辱的困扰迎刃而解。从古代的斯多葛学派到现代的存在主义哲学家，从塞涅卡、但丁到T. S. 艾略特和波伏娃，那些最严格地反思中年的人，并不是将其视为年轻的权力意志所达到的顶点，而是企图从这种力量中脱身。任何对中年智慧成就的诚恳评价，都应包含这样的认识，那就是我们既比年轻时懂得更多，又更深地感知到那些我们并不懂得的事物的存在。借用唐纳德·拉姆斯菲尔德说的那个不太中听却又深刻的词，比起青年时期，中年有着远远更多"已知的未知"。我现在读过的书比起二十年前显然要多，但我也逐渐意识到了还有多少书我没有读过，并且无疑将永远也不会读了。即便我能够继续丰富我的知识，但它的储备目前已经基本建立好了——不论好坏，我的思维方式已经被一个罗盘规划好了，这个罗盘将在剩下的日子里一直指引着它。这也未必就是件坏事，正如路德维希·维特根斯坦在他的《哲学研究》（1953年）中提到的，"解决问题并不是通过报告新的经历，而是通过整理我们一直以来所知道的事物"，但它也确实告别了年轻赐予的新鲜感。在这方面，中年在已知的未知和长久以来的已知之间摇摆不定。①

通过这些意象我们理解了中年不仅只是一种生物机能，还是一种认识论机能。对中年最深刻的描述之一，或许来自塞缪尔·贝克特的生活和作品中，更确切地说，来自他生活和作品之间的关系。战争期间藏身于法国南部的贝克特返回都柏林后，震惊地发现他的母亲患上了帕金森病。他的反应告诉我们，那种被我们称为"跨入中年（middle aging）"的经历（在此处是由于母亲的去世所引发的），可能会产生一个引爆点，让我们想要丢弃前半生中小心翼翼积攒起的一切：

---

① 路德维希·维特根斯坦《哲学研究》，G.E.M. 安斯科姆译（牛津，2001年），109，第40e页。

"她的脸庞就像是一个面具,完全无法辨认。当我注视着她时,我顿时意识到之前我所做的一切都走错了道。我猜你们管它叫作上帝的启示。我知道这是一个非常强烈的字眼,但它确实如此。我只是明白了,收集信息、丰富知识都是毫无意义的。对我来说,所有求知的努力都徒劳无益。一切都乱了套。我必须要做的是去探索一个不完整的世界,一个不去了解、不去感知的世界。"①

我们将在第九章中看到贝克特对这种"启示"的反应,他试图通过否定之路(via negativa)来发展"非文字的文学",最终塑造了他的作品。不过,在此处重要的是启示本身。当他的母亲戴上了面具,贝克特则揭下了另一个面具。母亲身体上的变化促使了儿子形而上转变。39岁时,贝克特顿悟到努力积攒的一切,包括知识、领悟、经验都已是徒劳无益的。他决定,在他的后半生中,要追求截然相反的事物。他的无为恰恰将会成为他的作为。

这个启示对于创造性生活而言更具普适性的教训是,生物和物理的进程拥有审美及形而上学的结果。在贝克特的例子中,中年不该是更多,反而是更少。衰老是简化的智慧。用伟大的波兰日记作家维托尔德·贡布罗维奇(1904—1969)的话来说,"世上似乎应该有两种有所区分的语言:一种属于生命中拥有越来越多的人,另一种属于拥有越来越少的人。"②当我们步入中年,可以说少做比多做更具价值。因为步入中年意味着的不仅是成熟,也是接受死亡。在生命中有个临界点,到达这个临界点时,你不再想要收集更多的书本、金钱、车、邮票,反而想摆脱它们。我们永远无法读完世上的每一本新书,不过也没关系,因为生命是有限的。我们必须要学会从自我的平庸中脱身。也许这正是中年的定义:接受我们不会永远青春、永远以自我为中心。倘若要做哲学的探讨,用蒙田的名言,中年就是学会如何死亡,亦是学会如何衰老。

---

① 引自劳伦斯·申伯格《驱除贝克特》,《巴黎评论》104(1987年),第106页。
② 维托尔德·贡布罗维奇《日记》,莉莉安·瓦列译(康涅狄格州纽黑文市,2012年),第47页。

III

半山腰：
如何开始中年

一

人到中年是一种什么样的感受？世界文学最伟大的作品之一的《神曲》思索的正是这个问题。但丁·阿利吉耶里在《神曲》开篇所描述的恐怕是史上最著名的中年危机：

Nel mezzo del cammin di nostra vita
mi ritrovai per una selva oscura,
ché la diritta via era smarrita.①

当我行至人生的中途，
发现自己置身于一片幽暗的森林，
因为我迷失了正确的道路。②

但丁的伟大诗篇凭借其严谨的经院神学以及对被遗忘已久的争论的晦涩

---

① 但丁·阿利吉耶里《但丁歌剧》，E. 莫尔和P. 托因比主编（牛津，1924年），第1页。后文所有意大利语的引文均引自此版本。
② 但丁·阿利吉耶里《神曲》，艾伦·曼德尔鲍姆译（纽约，1995年）。后文所有译文均引自此版本。

影射，成为1308年以来对中世纪世界观的最高凝练。它也是最个人化的史诗作品，描绘了但丁游历地狱、炼狱和天堂三个领域的寓言之旅，其中穿插着他对现实生活中敌对者的审判，并对他们处以不同程度的想象中的惩罚（谁不想这么做呢）。"罪与罚相称（*contrapasso*）"使他能够给有罪之人应有的报应：假先知们的头被扭向身后，只能倒退而行；易怒者互相撕咬着对方的身躯。《神曲》既是现实的又是形而上的，既发自于肺腑又显现着神谕，构建了一个象征性的画面，表达了位于人生中途时，回顾往昔、展望未来的感受。

对于但丁而言，他对往昔的回顾有着一个非常特殊的背景。在意大利北部，教皇与神圣罗马帝国的支持者之间长期对立，前者被称为归尔甫党，后者是吉伯林党。而在1302年，但丁被视为白党（White Guelph），从家乡佛罗伦萨流放。他伟大诗篇的开头几行显示他是在1300年开始创作的。鉴于但丁生于1265年，按圣经《诗篇》中所说的"古稀之年"来算的话，正好是在70年的中点之处，来到了这篇诗歌诞生的世纪之交。即便不考虑象征意义和巧合的整数，《神曲》也离不开数字命理。它第一册里有34首诗篇，余下两册分别有33首，加起来恰好是一整个世纪。这一点意义非凡，因为它使得但丁能够回顾他被流放之前的岁月。总之，这首诗篇代表着一位中年人对一切差错之源的寻觅。

同时它也是一次沉思，思考一切如何开始走上正轨。诚然，《神曲》可以被解读为复仇的幻想，尤其是《地狱》中那些详尽描写诗人的仇人如何被烈火焚烧的篇章。不过，它也能被当作是一场与时间的较量。但丁开始写这首长诗时已步入不惑之年，而他将于1321年去世，享年56岁。这位衰老的流放诗人在自己走向成熟的途中，构建了整个形而上学的高楼广厦。在这途中他将遭遇许许多多的艰难险阻。一开始他将在前基督时代的维吉尔的引领下穿越层层地狱和炼狱，而后在神圣的贝阿特丽切的陪伴下遨游天堂的九重云霄。旅途的方向是一路向上的。正因他从中间起步，他既可以回首前基督时代的原始兽性，又得以追求耶稣所说的真福八端。结局，从中间之处开始。

但丁的诗歌揭示了他出发点的本质矛盾性。如同所有关于中年的形而上学,它以史鉴来。对他来说,他的史诗所勾勒出的通往成熟之路不但是个人的,还是宗教的、民族的,乃至语言的。他对欧洲文化史决定性的影响正是源自这样多方面的共鸣。从宗教的角度上,《神曲》因其隐含的目的论,成为中世纪神学的集大成者。正如我们所见,"中世纪"这个表示时期的词语本身就极具暗示性。纵使公元前有多少伟大的文化成就,它们都早已注定发生在耶稣诞生之前;耶稣诞生之后的时代被冠以"主的时代(*Anno Domini*)"的美誉。站在西方基督教的角度上,真正的历史转折点非耶稣的诞生莫属。

但丁的作品描述的不仅仅是一位朝圣者的成长,也可以说是整个文化的进步。尽管意大利在1861年复兴运动之前还不是一个正式统一的国家,其文化的进步过程得益于550年前形成的通用语言。在《俗语论》一文中,但丁提倡在文学中使用标准意大利语(讽刺的是此文以拉丁语写成)。在《神曲》中他兑现了自己的诺言,建立了他自己的托斯卡纳方言,成了日后意大利通用语言的基础。起源于埃涅阿斯来到罗马①的神话,到最终在19世纪成为一个现代的基督教国家,意大利从但丁的托斯卡纳方言中找到了自己的"中转站"。

《神曲》不但在语言上打破成见,还在韵律结构上独辟蹊径。但丁将一种新的韵律引入欧洲文学,后来这种韵律被称作"三行体(*terza rima*)"。"三行体"通常包含一个三行的诗节,以及环环相扣的A-B-A,B-C-B,C-D-C式韵脚,等等。我们很难用缺少押韵词的英文再现这种韵律,但在意大利语这种罗曼语言中,三行体创作起来相对容易,因为有太多有韵脚的词(比如开篇三行诗节中的阴性结尾词vita/smarrita)。韵律层层相叠,营造出一种持续的推动力,与但丁层层而上漫游地狱、炼狱与天堂的朝圣之旅相辅相成。它同样也通过强调韵脚,从巧合的音韵中组成抽象词组。再以开篇的诗节为例,但丁的"人生"(*vita*)已然"迷失"(*smarrita*),而非如他《新生》(1295年)题目中那般"新(*nuova*)"(《新生》是一部散文与诗歌的融合作

---

① 罗马神话人物。在维吉尔的《埃涅阿斯纪》一书中,埃涅阿斯从特洛伊城逃离到罗马,建立了罗马城。——译者注

品）。从对立面中浮现出了位于中间的状态。

当诗歌进入第二、三诗节时，这些对立面变得愈发明显：

Nel mezzo del cammin di nostra vita
mi ritrovai per una selva oscura,
ché la diritta via era smarrita.

Ah quanto a dir qual era è cosa dura
questa selva selvaggia ed aspra e forte
che nel pensier rinnuova la paura!

Tanto è amara, che poco è più morte:
ma per trattar del ben ch'i' vi trovai,
dirò dell'altre cose ch'io v'ho scorte.

当我走过了我们人生旅程的一半，
发现自己置身于一片幽暗的森林，
因为我迷失了正确的道路。

啊！那是一片多么原始、多么茂密、多么崎岖难行的森林，
用语言都难以道出，
光是回忆起来就令我毛骨悚然！

如此艰难，死亡也不过如此！
可是为了要探讨我在那里发现的善，
我就得叙一叙我看见的其他事情。

半山腰：如何开始中年

诗歌从中途开始讲述，确实是令人诧异。但丁直奔主题的开端并非要从叙事上引人入胜，而是要从生平经历的角度让读者身临其境，感受他的中年心态。开篇的诗节的中心意象是森林（比如第一处的"幽暗"和第二处的"原始"），寓言式地延伸了行至中途的意义。这片森林不但可以被当作是生命本身的寓言，还可以被理解为天堂伊甸园的炼狱变体。但丁必须从这片密林中找回他如今迷失的"道路"。与明面上光明与黑暗、善良与邪恶的意象相呼应，直线前行（道路）与兜兜转转（森林）之间的微妙差别浮现出来。第二行开头笔锋猛转，从第一人称复数过渡到第一人称单数，从"我们的人生旅途"到发现"我置身于一片幽暗的森林"，普遍性与个体性之间达成了和解。但丁要想找回自我，首先要迷失自我；要想"探讨善"，须先谈及恶。

清洗、净化、涤罪：但丁作品的开端就体现了对立和辩证。可怜的灵魂们被关在地狱，遭受着与他们人世间所作所为"相反"的惩罚，而但丁也被因于自己的"罪与罚相称"，远离家乡佛罗伦萨，被流放到虚假的存在中。在诗中，他不断变换的叙述与地狱的永恒不变的静止形成了鲜明的对比。当诗人像一个受创的旅人一样，穿梭在一个又一个灾难之中，那些被打入地狱的人则终年被冻结在他们抽象的、怪诞的扭曲之中。对读者来说，这无疑也是《神曲》的魅力经久不衰的原因之一：永恒既令我们焦悚，又使我们耽溺。就像伍迪·艾伦曾说过那样，永恒是一段漫长的时间，尤其是临近尾声时，而这个无尽头的形而上学与人类意识的每一种本能都背道而驰。倘若生命是由时间来定义，那么可怕的是，死后的世界正是由时间的消亡而定义。但丁继续朝前走着（沿着开篇的那条道路）；而有罪者动弹不得。简而言之，只有当生命有终点时，才会有中点。

但丁对中间持有亚里士多德式的观念。正如我们所见，亚里士多德将时间定义为过去与未来的中点。在《宴会》（*Convivio*）（创作于1304年至1307年间，类似一本中世纪风俗概览）的第四册中，但丁不仅沿用了亚里士多德对于中间的形而上学概念，并且勾勒出了一个适用于中年的道德概念。他用准确的数字定义了"成熟（gioventute）"，认为成熟应当是以35岁为中点的

◆ 查尔斯·安德烈·范洛《埃涅阿斯背着安喀塞斯》,1729年,布面油画。

中间的20年,即自25岁开始到45岁结束。虽从现代的角度来讲,后者标志着"老年"的开始,有些令人沮丧。纵使我们实际寿命的长短因人而异,生命四个阶段(以"青春"和"高龄"为首尾的循环)的占比不会随之改变。①

不过,除了数字,我们也关注道德。但丁认为成熟的人应当具有五种必要的品质:克己、强大、仁爱、谦恭以及忠诚。他把埃涅阿斯奉为成熟的典范,埃涅阿斯也在整个中世纪时期极具影响力。维吉尔总是夸他"虔敬",因为他将父亲安喀塞斯从燃烧的特洛伊城废墟中救出的仁爱行为。他同样也是克己(面对狄多②的诱惑,他毅然决然地离开)、强大(他敢于去往冥府)、谦恭(尊重死者)且忠诚的(慷慨地奖赏他的支持者)。总的来说,

---

① 但丁《宴会》,理查德·H. 兰辛译(纽约和伦敦,1990年),IV/24,第218–219页。在但丁看来,人生的四个阶段分别是青春期、成熟期、中年和老年。每个阶段他借由不同的古典作家来刻画,分别是斯塔提乌斯、维吉尔、奥维德和鲁肯。
② 迦太基女王。在埃涅阿斯一行人流浪到迦太基时,狄多爱上了埃涅阿斯。——译者注

埃涅阿斯不单单是完美的中年人，更是完美的人。①

因此，步入中年的但丁暗自渴望成为埃涅阿斯，从他选择维吉尔做向导便可看出端倪。但是他同我们一样，一旦自我怀疑起来就成了凡人，他也害怕自己不是这块料。《神曲》基于成熟（gioventute）的假设，即从古典英雄与他的父亲和孩子并肩作战中所体现出的中年的成熟。但丁会像埃涅阿斯一样勇闯冥界，他也会埃涅阿斯一样到达彼岸。但中年的旅途向来都不是一帆风顺的。凯旋与巅峰少不了危机与迷乱。这条道路是双向的。成熟或许是一位"高尚之人"的理想状态，但它的短暂是如此残酷、令人悲伤。像卡夫卡笔下的高尔·萨姆沙一样，但丁的朝圣之路始于中途，始于那逝去的青春和降临的暮年恰好达到平衡的转瞬即逝的那一刻。但从落笔的那一刻起，他实际已经远远走过了那个中点，满带回忆的感伤蓦然回首。蜕变才是中年的意义，不管它是急是缓，转变于瞬息又或是日积月累：我们在自己的注视下变化着。中年自诩最有希望的起点，也是最疑难重重的起点。

二

我初读但丁还是在印度洋的一个热带岛屿上。那时我还只有20岁，刚好是我开始写这本书时年龄的一半，我决定在留尼汪岛上逗留半年。那是马达加斯加与毛里求斯之间广阔水域里的一小片陆地。我于9月抵达，正是南方的春天，天气在一周周地变热。我为了尽可能地多讲讲法语去到那里（考虑到当地更喜欢讲克里奥尔语，这也不是件容易的事）。结果，在那里我也实现了人生决定性的转折。

在踏上岛屿之前，我就对它有所了解了。当飞机在马达加斯加的首都塔那那利佛的停机坪上加油时，我开始和邻座攀谈起来。他是一位和我年龄相

---

① 关于埃涅阿斯与成熟的讨论，见但丁《宴会》IV/26，第225–228页。

仿的学生,在英国谢菲尔德待了一年回来。我了解到,弗里德里克是一位当地著名记者的儿子。留尼汪岛归属于法国,却位于印度洋上。人们经常能看见弗里德里克的父亲在电视上评论留尼汪岛复杂的政治。我后来又获悉,他的母亲在家里用小型家具和适龄读物办了家托儿所。到了晚上,我们便坐在滑稽的小板凳上,在他们家的泳池旁围成一圈,像是苍白的格列佛①来到了漆黑的小人国。弗里德里克刚从英国北部回来,显然希望继续讲英文;而迢迢千里来到非洲的另一头,还有些紧张的我也是如此希望的。我仍记得下飞机后我们交换联系方式时他对我说的那句话:"别那么见外。"我找到了这座天堂岛屿的向导。

夏天的留尼汪岛拥有烈日炎炎、汗流浃背的乐趣。任何在北半球长大的人来到南方的阳光下度过冬日都会快乐过头,甚至产生罪恶感。将爱德华·萨义德的"东方主义"概念②应用于我们构建世外桃源的方式,异国情调在这座岛上被展现得活灵活现:轻柔摇摆的棕榈树,金光闪闪的海滩,晶莹剔透的海水。山林小径美不胜收,简直就是柯南·道尔或莱特·哈葛德笔下的冒险故事中充满奇花异鸟的失落世界。在岛屿的远端是世界上最活跃的火山之一——一个昏暗的、蒸汽腾腾的火山口蹲坐在火星般的红土中。当人们胆怯地爬上这里时会感觉到,这就是阿弗努斯③,这就是地狱的入口。

灼人的阳光下,我开始领会到弗里德里克那句忠告的完整含义。加缪的《局外人》是学校里的必读书目。我开始对主人公莫尔索在阿尔及利亚的海滩上那种混乱的疏离感感同身受④。在这座热带岛屿上,我正是,也正在慢慢成为这样一个局外人。炎热、与世隔绝、漫长又空虚的日子,当地强劲又醉人的大麻——一切都营造出一种脱离于一个人本来生活的感觉,一种既生

---

① 《格列佛游记》的主人公,书中有一段讲述了格列佛在小人国的奇遇。——译者注
② 指西方人对东方文明的研究与描述,往往带有欧洲中心主义和对东方的误解、偏见与贬低。萨义德在1978年出版的《东方主义》(*Orientalism*)一书中对此提出了批判。——译者注
③ 位于意大利库迈,相传为古希腊神话中冥界的入口。——译者注
④ 《局外人》的主人公莫尔索在阿尔及利亚的海滩上枪杀了一名阿拉伯人,因为阳光太刺眼。——译者注

动又令人眩晕的顿然麻木。我们混乱的大脑准备好去相信任何离奇的故事，一切关于海边的屠宰场怎么吸引鲨鱼，关于外国人如何被困在内地的马戏团，永远在那里迷迷糊糊四处游荡的故事。热带气候带来太多纯粹感官上的负担。就连逛食品市场这种小事，那种色彩飨宴的通感都快要把我压垮。通常我都会在香料、豆类、鱼肉和甜菜的风情万种中眼花缭乱，无法做出任何决定，到头来只落得个空手而归。日复一日地搭便车也滋生出同样的沉浸感与孤立感。我们在他人的生活中上车、下车，也在脱离自己的生活。我们像《奥德赛》中的食莲者①一样，游离于自身的边际。

这片慵懒的空气中悄然露出成熟的曙光。自律，自制力和长远的眼光：正当我没有这些的时候，我才开始渴望拥有它们。和古往今来千千万万的人一样，我开始意识到成熟不仅是一种生理学上的事实，它也是一种观念，一种被有意识地培养起来的观念。我不得不决定，我要开始人生的成年阶段，决定逃离青春期后无意识的优柔寡断和随波逐流。对我来说，这意味着我发现了精神生活，并非常慎重地决定去追寻它。在我最放纵的时候，我惊觉自己就像拉金笔下经常去教堂的人一样，渴望自己变得严肃②。这座岛就像一次净化，一场清洗，一轮涤罪。就像T. S. 艾略特在《四个四重奏》(1936年) 中第一首所描述的那样，只能通过放弃，才能拥有不曾拥有之物。为了追求成熟，我选择不成熟的道路。

艾略特在他写下四重奏时已步入中年，可它们看起来却像是出自一位更年老的作者之手。这位作者好似一只暮年的鹰，从贝多芬晚期的四重奏里寻觅着灵感。成熟是一个相对的概念，变得成熟并非意味着彻底成熟。我现在回首当时，看见一个初出茅庐的年轻人，头一次从地理上和心智上将自己抽身于千里之外。这座岛屿使我抓紧了我迄今为止的人生。我刚开始探索的文

---

① 在《奥德赛》中，奥德赛的船员们吃了海边的忘忧果后，便不愿再回到船上去。后英国小说家威廉·萨默塞特·毛姆在《食莲者》中描写了一个英国人辞去银行经历的工作去追求世外桃源的生活，到最后却在一片凄惨中郁郁而终。——译者注
② 此处指英国诗人菲利普·拉金的《去教堂》一诗。——译者注

学帮助我抓紧即将到来的人生，并且给我了一种至今在我安逸又自满的成长环境中缺少的目标感。我开始意识到，我的自我可能会被他人所取代。

青春期的后期和中年之间实际有着紧密的联系，尽管人们很少考虑到这一点。要彻底达到成熟境界不可避免地需要重新思考它的形成。中年，在逐渐累积的距离下回顾着成人。而这两个人生里程碑的共同点，以及使得它们成为里程碑的要素，是它们共同的自我意识（至于是因是果有待商榷）。成年时光里的大部分时间我们都在一件件事里随波逐流，太过专注于手头的工作，而很少思考它更多的意义和重要性。然而，中年，尤其是中年的开端，意味着我们（痛苦地）意识到自己成了"中年人"，就像是人们在青春期后期真切地意识到自己已经长大成人。约瑟夫·康拉德关于成熟的"阴影线"的概念正是基于这种自我意识："青春是一件美好的事情，也是一股强大的力量，只要你不去多加思索。我感觉我正在逐渐意识到自我。"①

对我来说，一种几近毁灭性的自我意识突然令我感受到自己在这个世界中的位置，标志着我和少年时代的告别。这无疑是一种常见的经历，尤其对那些倾向理智的人来说。但在20岁前后的几年里，我排斥那些我所看到的无用的、肤浅的普通成年生活，那些枯燥乏味的平庸和为了责任的妥协。我的同龄人们整天就想着运动和酗酒，而这些令我兴致索然。诚然，这就是年轻的傲慢，但也让我们隐隐窥见了日常生活表面下某些更吸引人的事物。19世纪的意大利诗人贾科莫·莱奥帕尔迪（在他30岁时）写道，对一个富有想象力的人来说：

> 世界与万物在某些时候在某种意义上是双重的。他的眼中看到了一座塔，看到了风景；他的耳朵听到了钟声；与此同时，他的想象看见了另一座塔，另一座钟，也听到了另一阵声音。万物一切的美好和乐趣都蕴含在这第二种事物之中。②

---

① 约瑟夫·康拉德《阴影线》，杰里米·霍桑编（牛津，2003年），第45页。
② 贾科莫·莱奥帕尔迪诗作《骚动》，迈克尔·恺撒和佛朗哥·丁蒂诺主编（纽约，2015年），1828年11月30日出版，第1991–1992页。

III

半山腰：如何开始中年

如果说青春孕育出这种割裂的感受，那么我们通过成熟（外加一点点幸运）找到了出路，因为我们建立起了一种自主的自我意识。但当我们步入中年时，空虚又重现，而这回是巴洛克式的虚无（*vanitas*）。死亡取代了"自我"，成为了我们主要关心的事情。我们不再寻觅我们所没有的，而是去守护我们所拥有的。自我意识又一次回归，但这次它更关心我们将要失去什么，而不是我们会获得什么。

我记得，在动身前往留尼汪岛前的最后一刻，我发现行李中还有足够放下三册厚书和一册薄书的空间。于是，我将企鹅出版的詹姆斯·乔伊斯的《尤利西斯》，一本法国抒情诗的诗集，还有一本菲贝尔出版的艾略特的《诗选》塞在了C. H. 西森译本的《神曲》旁边。当我从热带岛屿的南国之夏回到维也纳的北境之冬后，我又花了6个月的时间品读歌德的《浮士德》，蒙田的《随笔集》以及米格尔·德·塞万提斯的《堂吉诃德》，不久之后又读了莎士比亚的《戏剧集》和马赛尔·普鲁斯特的《追忆似水年华》。拜读了上述这些意大利、英国、德国、西班牙和法国传统的大作之后，我才意识到自己走上了心智成熟的道路。它们至今充实着我的思想，因为我生命的中间部分，也是主要部分，正是从它们开始。这样说来，记叙往昔也是在记叙当下。

现在回想那些在青春期晚期的形成阶段所读到的那些书籍，我感觉像是给自己报了一门"名著阅读"课程。在这个人生的转折点，我选择听从文学的引导。我想要变得腹有诗书气自华，并朝之努力。毫无疑问，我最终没能实现这个目标，我们都无法达到，但这无关紧要。正是无法避免的失败与我们的理想之间的落差造就了成熟。更确切地说，也许我们一开始的设想就不切实际。中年的我们批评着刚成年时的梦想，却也在修正着它们。能够认识到这一点本身便是弥足珍贵的教训了。柳暗花明始于家中。

名著带给了我们情感结构与表达方式，久而久之，也随着我们一起变化。现在我读但丁，读艾略特或是乔伊斯的方式，与20岁时读他们的方式大相径庭。我感觉变化最少的是法国抒情诗，尤其是19世纪的法国抒情诗。或许这是因为我仍把它与在留尼汪岛的时光紧密联系在一起。夏尔·波德莱尔（他和我一样，在20岁时造访过这座岛）和勒贡特·德·李勒（从名字就能看出，他来自这座岛）仍给我带来强烈的热带气息。波德莱尔的诗作《远行》结尾处那句极负盛名的劝诫"堕入虚空，天堂地狱又何妨？/去那未知的深渊，寻找新生"，总是唤醒我心目中那片他在1841年游历过的印度洋。[①]事实上，这也说明了如果在一开始过于身临其境地接触一位作家，实则会妨碍日后对其作品产生更成熟的新看法。

不过，从更宏观的角度来看，中年提供了一种刚成年时无法拥有的智慧眼光。显然，一部分原因是更多的阅历：文本越长，我们才能从中找到越多的信息。然而，这也由于文学名著本身就包含时间的流逝这一事实（有人会说是所有文学大作）。拿两本我那几年读过的经典作品举例，歌德的《浮士德》和普鲁斯特的《追忆似水年华》都是关于试图挽回青春与理想，关于时间形而上学的作品。乔伊斯为自己定下40岁生日前完成《尤利西斯》的目标，和书中多处引用的荷马神话具有同样的暗示性，这告诉了我们他被自己的成熟所困扰（不成熟对他的美学有着长久的重要性）。至于艾略特，他似乎一直都是中年人，用对青春的无动于衷，换来神经质的特质。

但还属但丁最生动地表达出我视角的转变。讽刺的是，他或许是这些大作家中最不痴迷于时间的，因为《神曲》发生在一个没有时间、没有青春与衰老的世界里。而这种时间的缺失本身也是一种对时间的看法，是一座形而上学的海角，能让但丁从外界窥探人世间的炼狱。《炼狱》也是《神曲》中唯一一篇允许迁移发生的部分，因为在那儿，悔过的罪人们能够通过赎罪努力上到天堂。由于不像地狱那般恐怖，也不像天堂一样幸福，迷失在中间的人们忘记了这一本书。但它也是三部曲中最为人性化的，因为神学中并未预先设定炼狱。净化、清洗、涤罪：这是从一种赎罪形式到下一种赎罪形式的过渡，从一种时间制度到下一种时间制度的交替。从道德

[①] 查尔斯·波德莱尔《著作集》，克劳德·皮丘斯主编（巴黎，1975年），第134页。由本书作者译为英文。译者注：原句为"只要那烈火还在烧灼着我们的思想，我辈必然渴求/堕入虚空，天堂地狱又何妨？/去那未知的深渊，寻找新生。"

谴责到形而上的救赎，死后世界的中间一层具有最大的自我完善潜力，以及最大的改变的可能。如此一来，它形成了中年的标准：在中点之后还能怎样继续前进？

三

但丁的史诗开拓出一片充满共鸣和典故的土地。它是欧洲传统的文学中拥有最多故事的作品之一。它不但囊括了其他的故事，还被许许多多其他的故事援引。它代表着中世纪思想的巅峰，也可以说是西方文化史的一个中点：在经历了古典文化的熏陶后，轮到它来滋养现代文化。从后千禧一代的角度来看，《神曲》不仅是人生之路的中途，也是历史进程的中途。

这值得我们停下来思考其中的含义。我们为何会像现在这样看待西方历史的"中年"时期呢？"中世纪"这个术语，广义上讲指的是介于5世纪的古典时代末尾与15世纪的近现代开端之间的一千年。这个词本身就暗含着现代事后诸葛亮的态度：如果没有现代这个历史的第三个阶段，也就没有了中间阶段。因此，中世纪长期以来受到的负面评价也就不足为奇了，它像个所谓的中间儿①一样挣扎着树立自己的形象。从文艺复兴时期的人文主义者到启蒙运动时的哲学家，近现代人很少关注这段时期，他们以一种自视甚高的态度，热衷于回首古代的辉煌，认为中世纪不过就是黑暗时代的延续罢了。巫术和封建迷信是他们反中世纪的口号，它那些严格的宗教教条在逐渐失去宗教信仰的今天沦为了笑柄。"中世纪"被两个更加优越的时代前后夹击，迷失在了中间。没有人在乎这种选择性历史解读多么荒诞。举一个例子，人们完全忽视了收复失地运动（711年—1492年）时期西班牙"三种文化"的繁荣。为了现代的文化自尊，中世纪不得不沦为平庸。

---

① 家中排在中间的孩子有时会不及老大和最小的孩子那样受家长的关注，从而患有中间儿综合征。——译者注

随着浪漫主义的出现，一切又迎来了转机。在法国大革命时理性主义的泛滥下，与之相对的浪漫主义诞生于18世纪末期的德国，它强调想象与激情，而非论证和理性。从历史观点来看，达成浪漫主义的关键途径之一是重拾中世纪的哥特式神秘。例如路德维希·蒂克这样的作家们开始把童话故事当成现代短篇小说的范本；如诺瓦利斯之流的诗人视中世纪时期的基督教信仰为现代的典范。"哥特式"有时甚至被认为优于现代。法国外交家、传记作家夏多布里昂在穿越多瑙河时，谴责"与暴风雨、哥特式大门、号角声与激流声的相比，海关官员与护照是如此庸俗和现代化"①，令人记忆犹新。田园中世纪主义已然可以代替官僚现代主义。

在这股新的精神思潮下，历史学家与批评家也迅速加入进来。浪漫主义理论学家弗里德里希·冯·施莱格尔的《古代与现代文学史》（1815年）公正地点评了19世纪对中世纪的重新评价。他从审视这一时期的标准观念入手，开始关于这方面的讲述：

我们总是把中世纪当作是人类思想史中的一段空白，一段在古典时代的精致与现代的光辉间不存在的空间。我们乐意去相信艺术和科学早已湮灭。千年之后，它们的复苏或许会带来更美妙、更崇高的事物。②

施莱格尔在此处强调，显然，被当作是近现代基础的文艺复兴时期，需要通过一个陪衬来定义自身。毕竟，"重生"这个概念需要建立在重生之前的"死亡"之上。现代需要一个蛰伏的中间阶段，好让它从中破茧成蝶。

不过施莱格尔又通过改变隐喻的措辞否认了这一观点。"中世纪"如今不再是死去的、等待着重生的出生前的阶段，而是"现代欧洲的青春"。皈依天主教在施莱格尔对中世纪的重新审视中起到了决定性的影响（诗人海因

---

① 夏多布里昂《墓畔回忆录》（巴黎，1998年），第四卷，第224页。
② 弗里德里希·冯·施莱格尔《古今文学史讲座》（纽约，1841年），第160页。施莱格尔关于中世纪的更多论述见第七讲。

里希·海涅日后嘲讽了他的"钟楼见解"),因为这使他领会了骑士和十字军东征的"骑士精神",同时也发现了中世纪文学"寓言性"的一面,《神曲》无疑是其中的至高典范。根据施莱格尔人类中心主义的观点,鉴于但丁的史诗包罗了"当时一切的科学和知识,一切中世纪后期的生活",它不但是通向古典时期的桥梁,也是通往现代的摇篮。"中世纪"被重新赋予了历史上和观念上的目的。

这样一来,我们对但丁伟大诗作的理解就取决于这些中年的观念。《神曲》不仅浓缩了中世纪的思想和神学,同样也捕捉到了它的焦灼,最主要的是如何平衡世俗世界与精神世界。但丁标志性的开篇扎根于中世纪的经院哲学,或者说它强调了人类在万物秩序中的地位,介于天使的崇高意识与动物的无意识之间。从中世纪的角度来看,走在人生的中途既是一种物理状态,又是一种形而上状态。尘世的旅途我们已经走到了一半,去往天堂的路也只剩下一半。不论是其骑士精神还是寓言性的一面,这种双重视角都屡屡成为中世纪文学潜在的关注点:用但丁的传人约翰·弥尔顿那句名句来说,既是如何向世人昭示天道的公正,也是如何向上帝展现人之道的坦荡。在21世纪,我们理解的中年危机恰好提出了同样的问题,尽管形式上有些世俗化。那就是,如果这个危机并非关乎人生意义,又是关于什么的呢?

但丁去世后,不出所料,诗人们和小说家们都会回到但丁的作品当中寻找与中间相关的辞藻。当然,区别在于关于中间的本体论基础。中世纪的作家也许会经历信仰危机,而现代作家则经历着自我信念的危机,怀疑自己能否活得有目标、有价值。在近现代就已经能感受到这种变化,甚至在笛卡儿这样公开的基督教思想家身上也有所体现。他的《科学中正确运用理性和追求真理的方法论》一文发表于1637年,刚好是他满40岁后不久。他在其中概述了一系列如何在智慧上以及道德上取得进步的箴言。他所谓的"临时道德规条(morale par provision)"包含三个主要的准则,其中第二个是"尽可能坚决果断地采取行动"。笛卡儿在描述这种决心时所使用的意象,与但丁笔下的不谋而合:

（在这一点上我会）效仿那些在森林中迷路的旅人们。他们不应该错误地徘徊不定，更不该停滞不前。尽管起步的方向完全是他们的随机选择，他们应当尽量始终朝着一个方向笔直前行，而不要为了一些无关紧要的原因做出改变，即使一开始他们只是因为偶然的机会决定选择这个方向。因为如此一来，就算他们没能到达期望的目的地，到最后也总会到达一个比停留在森林深处更好的地方。[1]

作为中年道德的向导，笛卡儿的旅人们呼应了但丁那在昏暗森林中的朝圣者。笛卡儿认为，只要我们朝着一个方向不断前行，最后总能找到走出森林的道路。诀窍就是简简单单地继续前进。然而，前提是确实有路能够走出森林，并且最终在森林的另一边存在价值，只要我们有足够的决心去找到它。这个意象平衡着我们想要生活更上一层楼的观念（即笛卡儿所说的临时道德规条），以及最终支持这种临时性的目的论。总之，只有当有结尾存在之时，才会有中间。笛卡儿将意象从一个完全基督教的观点转变成个人道德问题，标志着公认的现代个体能动性意识的开端。不过，他在相信道路总会通向某处这一点上，显然仍秉承但丁的观念。

随着近现代走向现代，这种信念却开始动摇。中世纪时，基督教被当作一切意义的根本来源；18世纪启蒙运动时发生了第一次转变，出现了自然神论；到19世纪，基督创世理论逐渐被认为是一种过往的时代错误，这样的变迁极大地影响了我们对中年的看法。只要人们还相信人生的道路总会通往天堂的救济，就不会对行至中途感到恐惧。但丁与笛卡儿笔下林中寻路的意象暗示了这点，朝向天堂的前进之路则明确了这点。然而，一旦这个目标不复存在，人们就不再是走在通往天堂的半路上，而是通向毁灭的途中。

将这个问题历史化能够帮助我们认识到，中年不仅取决于我们如何看待

---

[1] 勒内·笛卡儿《谈谈方法和相关作品》，戴斯蒙德·克拉克译（伦敦，1999年），第20页。

III
半山腰：如何开始中年

中间，还取决于我们如何看待生活。这或许是显而易见的，但却很容易被人忽视。要是不知道自己正处在什么的中间，恐怕不是件好事。后浪漫主义对这种状态的描述暴露了这种焦虑，事实上这段时期正是由这种焦虑构成的。也许最具有代表性的例子就是弗里德里希·荷尔德林写于1804年的那首简短又通透的诗歌《半世浮生》：

> 黄梨挂上枝头，
> 遍地野玫瑰，
> 岸映在了湖里，
> 可爱的天鹅们，
> 你们在亲吻中迷醉，
> 将头浸入
> 圣洁而清醒的湖水。
>
> 但是啊，当凛冬来临之时，
> 我上何处寻得繁花，
> 与骄阳
> 还有大地的影子？
> 墙垣耸立，
> 漠然而冰冷，寒风里，
> 风信鸡咯吱作响。[①]

荷尔德林这首诗的题目显示了它有意识地延续了但丁行至半路的传统。不过开头的内容却有些离题，展现了一幅无疑是浪漫主义的世间美景。只有当诗文逐渐展开，才在看似简单的短短三句（德语中为四句）中渐渐回归主

[①] 弗里德里希·荷尔德林《诗歌选集》，迈克尔·汉堡译（伦敦，1998年），第171页。

题，陷入一种不仅关乎中年，还围绕着其在自然而非超自然的观念中的意义的沉思。读者似乎能感受到作者努力追寻更高层次的含义。

这首诗展现出一系列的对立，其中最明显的就是第一节的夏季和第二节的冬季之间的对立。湖面从字面上来说作为了倒映黄梨与玫瑰的镜子，同时也隐喻着诗人对时间流逝的反思。第一节前半部的果实、鲜花与第二节前半部它们的无影无踪形成对比；而对应的两节的后半部分，可爱的天鹅变成了漠然的墙垣。一切的情感都被注入全诗正中间那句小小的感慨"但是啊"（weh mir）之中。天鹅和玫瑰也许会在湖中徘徊，令人沉醉，但好景不长。夏季时光总是如此短暂。

或许诗中最有力的意象就是天鹅了，诗人也是借其最清晰地表露了他（以及所有拥有创造力的人们）对自己中年状态的焦虑。"可爱的天鹅"作为优雅的传统象征，与一个表述陶醉的词语关联在一起："在亲吻中迷醉"，他们将头"浸入圣洁而清醒的湖水"。这几行令人费解的诗句吸引了许多学者们的关注，尤其是迷醉的动物与清醒的湖水间耐人寻味的张力。它们将头浸入水中的行为，究竟是一幅艺术的景象，还是一幅具有宗教含义的景象？是在描写性吗？"圣洁而清醒"在德语中是一个单独的难以解释的复合词：*heilignüchtern*。也许表示了它们正在受洗，但也暗示了它们的魔咒正在被破除。始于浪漫主义的形象，以庄严而悲伤的时刻告终。

荷尔德林的人生中途因此成为一次形而上学的宿醉。经过夏末秋初的赏心悦目过后，冬天的前景只留给人一句没有答案的反诘："知道这些之后，还有宽恕吗？"①从生机盎然的天鹅与玫瑰，到死气沉沉的墙垣与风信鸡，这样的转变不言自明。当荷尔德林展望暮年的无动于衷之时，作为诗歌之核心的语言已经将他抛弃在了人生半路。意义本身已悄然溜走，就像夏日的阴影一样转瞬即逝。

翌年，荷尔德林便精神错乱，更是加深了可悲之情。他的人生呈现出一

---

① 出自T. S. 艾略特的《小老头》。——译者注

III
半山腰：如何开始中年

种惊人的对称性。1770年出生的他，在35岁左右行至"浮生半世"，写下了这首诗。在这之后他被确诊为精神错乱，在图宾根的一座塔楼中又度过了差不多相同的岁月，于1843年与世长辞。换言之，我们不得不把这首诗当作是对他命运的不可思议的预言，那句作为诗眼的感慨"但是啊"流露出一种近乎悲剧性的力量。诗人不但在哀叹时间的流逝，也在哀叹他与日俱增的力不从心。

在荷尔德林逝世前的一年，另一位截然不同的诗人走到了人生的中点。亨利·沃兹沃斯·朗费罗以一首名为《中途》(*Mezzo Cammin*)的十四行诗来纪念这一时刻：

半生已过，我任由
岁月从指尖溜走却未实现
年少的抱负，用巍峨的高墙
筑起诗歌之塔。
并非怠惰，并非欢愉，也非来自
无法平息的激情燃起的焦灼，
而是悲怆，还有那致死的忧虑，
阻止我实现那些本可以实现的理想；
半山腰处，望见往昔
所见所闻，在我脚下——
暮色昏黄中的广阔城市里，
飘起炊烟的屋顶，回荡柔和的钟声，还有那熠熠闪烁的灯光——
听到我头顶的秋风中
死亡的瀑布从高处轰鸣而来。①

---

① 亨利·沃兹沃斯·朗费罗《诗歌与其他作品》(纽约，2000年)，第671页。

朗费罗这首写于1842年（尽管直到1886年才出版）的诗更多具有传记的性质，而非像荷尔德林的作品那样致力于捕捉T. S. 艾略特称作"客观对应物"的事物。这首诗主要的目的就是去表现诗人的中年忧虑。朗费罗的生活中充满了忧虑：他的第一任妻子在1835年死于流产（这大概就是诗中所说的"悲怆"和"致死的忧虑"）；1861年，他的第二任妻子又丧生于一场可怕的事故，她不小心用烛蜡点燃了裙子。了解了这些，便不难理解朗费罗这首诗以及其他作品中那黯淡又低沉的基调。

不过，这首诗成为一部思考中年的传记作品和文学作品，显然也得益于但丁。朗费罗作为《神曲》的首位美国译者，自然是无比熟悉这位意大利诗人的作品：他的英译版《地狱》的开篇这样写道，"Midway upon the journey of our life,/ I found myself within a forest dark（对应中译：就在我们人生旅途的中途，我发现自己身处一篇昏暗的森林）"①。他自己的十四行诗的题目和首行不仅借用了但丁笔下标志性的危急时刻，同时也在审视自身，在前辈的光辉成就中发现自己的不足。《中途》里所描述的衰老过程基于《神曲》：朗费罗的一生就像是但丁笔下的死后世界，迂回曲折地攀登时间的高峰。埃里奥特·杰奎斯的患者将自己的中年危机描述为一次顿悟，即突然意识到自己已然到达山顶，而眼前只有一条下坡路。人们不禁联想起这位患者的话，但二者仍有显著的区别。对于朗费罗来说，眼前的是上坡路，而非下坡路，就像但丁的朝圣者一样层层向上。诗人在写下这首诗的时候恰好在"半山腰"，他感觉自己身处中年的炼狱。

以这种发人深省的角度来看，朗费罗所说的"死亡瀑布"相当于荷尔德林笔下咯吱作响的风信鸡。两位诗人都害怕在夏天的尽头等待着他们的冰冷凄凉的未来。不过，同样值得注意的是，他们都用抒情诗人自比的语言刻画出这种恐惧感：荷尔德林预料到将来会看到漠然的墙垣，朗费罗则懊悔曾经没有建起一座"诗歌之塔"。他们恐惧的不是年老，而是创造力的与日俱

---

① 亨利·沃兹沃斯·朗费罗《但丁的地狱》（纽约，2003年），第3页。

III
半山腰：如何开始中年

衰。在这两首诗中，都把语言和建筑融为一体，似乎这样就可以在某种程度赋予他们文字持久的坚固性。尝试从世界文学史上最伟大的诗人之一身上理解中年，我们发现写作成了一种适应衰老的方式。用文学来宣泄情绪是书本里最古老的伎俩之一。

当我们开始在中年的幽林中寻找出路的时候，文学的首要功能便体现出来。从解开线团的珀涅罗珀[①]到保住脑袋的山鲁佐德[②]，从薄伽丘的《十日谈》到乔叟的《坎特伯雷故事集》，文学作品向来是关于"买来"时间和消磨时间的。我们写作，我们阅读，我们讲述，不过为了忘却人终有一死，哪怕是短短的一瞬间也好。如此一来，也可以说我们通过讲故事来纪念时间。如今，我攀登到人生之峰的半山腰，这些都看透了：写作、阅读无非就是与衰老的焦虑的殊死搏斗。中年就是让我们看清人生大限的时刻，如此顿悟所带来的危机也为《神曲》提供了灵感。如果说中年的艺术就是不断地自我精进、不断地创造，那么文学作品的创作和反响能够概念化并实现这样的过程。荷尔德林在他其他的诗作当中这样问道："在贫瘠的时代，诗人有什么用处。"对于中年，我们或许可以这样回答：他们在帮助我们思考自己有限的生命的同时，也告诉我们，我们其实也能够超越死亡。[③]时间是一种疾病，文学希望能够治愈它，无论多么不切实际。我们将会看到，这便是它的赌注。

---

① 《奥德赛》中奥德修斯的妻子。为了打发身边的求婚者，等待远赴特洛伊征战的丈夫归来，她宣称织完手中的织物就与其中一名求婚者结婚。但她却织了又拆，拆了又织，迟迟不把它织完。——译者注
② 《天方夜谭》里的国王山鲁亚尔暴戾成性，每天迎娶一名少女，却在第二天早上将其处死。山鲁佐德自愿嫁给国王，通过每天讲故事，却不把故事讲完的方式成功地活过了一千零一夜。——译者注
③ 参见霍尔德林诗作《面包与酒》，载于《诗歌选集》，第157页。汉布格尔将著名的短句"*Wozu Dichter in dürfiger Zeit?*"翻译为英文"Who wants poets at all in lean years?/在贫瘠的时代，诗人有什么用处？"

Ⅳ
商店后的房间：
中年的谦逊

一

我们这种并非但丁的普通人又该怎样适应衰老呢？书写一部世界文学的杰作必然能给人带来不小的慰藉，但并不是人人都有这样的才能。像《神曲》这样的非凡成就，显然不是应对衰老问题的常规办法。我们这些没有但丁那种天赋的凡人（即我们所有人）或许适合更谦逊一些的目标。自我接纳，职业生涯的重新评估，新的挑战：内省也可以像外拓思维一样有效，主要是想清楚我们想从（中年）生活中得到什么。想要更多，还是更少？

现代欧洲第一个深思这个问题的思想家要属法国的米歇尔·德·蒙田（1533年—1592年）。蒙田作为一位律师、人文主义者以及公职人员，在他职业生涯如日中天之时告别了法庭。蒙田书房的门上用他的母语拉丁语刻着这样一段话，向世人——尤其是向他自己——解释了自己年纪轻轻就从公众领域引退的原因：

公元1571年，二月的最后一天，度过第38个生日的米歇尔·德·蒙田早已厌倦了法庭和仕宦公务。趁正值壮年，他投向了知识女神的怀抱，在那里度过平和安逸的余生。愿得命运眷顾，允许他还乡隐居，在这片祖先安眠的温馨土地上,安享自由、平静和闲暇。①

蒙田将这段划时代的话语镌刻在自己书房的门楣上,开创了现代意义上的自我认同感,这种自我认同感至今仍伴随在我们左右。他那大胆的宏愿,在如今我们这个自恋的时代早已司空见惯。但在那个严守宗教教条的时代,蒙田居然用自己作为题材。他开始从一系列重要又琐碎的事物上记录自己的缺点、思想和一切——从性格的懦弱到行动的笨拙,从独处的孤独到气息的感受。他娓娓而谈的风格正好吸引了文艺复兴时期的大众读者——一个16世纪末期的新兴市场。15世纪具有一系列划时代的新发现,包括约翰内斯·谷登堡发明的印刷机,菲利波·布鲁内列斯基计算的透视法,以及克里斯托弗·哥伦布宣布发现美洲;到了16世纪,文艺复兴时期的读者已经跃跃欲试,想要探索自我了。蒙田的《随笔集》让人联想到达·芬奇的《维特鲁威人》,可谓是西方文化史上最成功的作品之一;它认为单一个体的经历可以代表更普遍的人类经历。这是蒙田的一小步,却是人类的一大步。

任何一位写过日记的人都应感激这位法国人。倘若借用20世纪数学家、哲学家阿尔弗雷德·诺思·怀特海的名言,一切哲学不过是柏拉图的注释,那么一切自传则皆是蒙田的注释。你手中拿着的这本书亦笼罩在他的阴影之下。任何关于个人成长的记录,以及它和文学、文化的联系,无不在强调蒙田在现代自我概念建立之初的地位。早在四百多年前,蒙田就已经发明了我们这个时代的种种自述方法:回忆录、报刊专栏以及博客。深入思考会发现,他也同样创造了我们对中年时期的应对方式。如《神曲》开头的但丁,只有当他步入中年时,蒙田才开始有意识地下决心进行自我审视。

诚然,他那段题词的风格与《地狱篇》的开头大相径庭。但丁迷失在了昏暗的森林中,蒙田则找回了重返童年家园之路。家门的意象具有特殊的含义,它象征着通往心智启蒙和往后余生的大门。蒙田的话高挂在他的书房的

---

① 引自菲利普·德桑《蒙田的一生》,史蒂文·伦德尔和丽莎·尼尔译(新泽西州普林斯顿,2017年),第197页。

IV
商店后的房间：中年的谦逊

入口上方，但它的作用与但丁和维吉尔看到的刻在地狱之门上方的那句耳熟能详的碑文（"你们走进这里吧，把一切希望抛弃吧！①"）完全相反。蒙田步入后半生之时，将希望铭刻在自身存在的构建之中。

即便如此，门后仍有更多的门。隐藏在但丁与蒙田的门后的，是圣经中犹大国君主希西家的先例。在《圣经·以赛亚书三十八章》中，徒有虚名的先知前来拜见正值壮年却疾病缠身的国王，告知他将死的消息。希西家难以接受自己的命运，向主祈祷，恳求看在他终身虔诚的份上网开一面。上帝为他的虔诚敬拜动容，赐予他额外15年的寿命，将日晷上的日影往后退了10度，作为他们约定的见证。看来神力的相助似乎阻止了中年危机。

然而，倘若我们细心观察，便会发现神力的相助同样也会制造中年危机。希西家并没有感激涕零，因为他意识到如今他剩下的日子，就如字面意义上的屈指可数："正在我中年之日（或作晌午之时）/我不得不离去；/在余下的岁月里/我将被送进地狱之门。"②上帝赐予他15年光阴的同时，也指明了他的死期，因为太阳仍会无情地让日晷上的影子继续走动。抛开中年危机这个词，相同的概念早在旧约中就已经存在。希西家"行至人生的中途"，惊觉人生的转瞬即逝。他的故事教导我们中年或许与死亡有关，但更与我们面对死亡的意识息息相关。

于是，在但丁和蒙田的大门后方，希西家的地狱之门虚掩着。但两位作家的反应不尽相同。但丁展露出一种自然的悲观情绪；而蒙田虽对不可避免的死亡报以尊重（"愿得命运眷顾"），以一种宿命论的语气描述"余生"，却追求一条更为乐观的道路。在蒙田看来，谦逊是抵挡死亡最坚固的防线。他没有在书房的题词中或《随笔集》的任何地方恳求延长他的大限。蒙田没有像国王希西家那样祈求老天额外开恩，他反而接受自己的衰老，放弃世俗的追求。相比从前他有着繁忙的仕途（他也许最终会不情不愿地成为波尔多的市长，抑或是在亨利·德·纳瓦尔成为亨利四世之前成为他的心腹），如

---

① 出自《神曲·地狱篇·第三歌》，朱维基译。——译者注
② 《以赛亚书》（第38章第10节）。——译者注

今他发誓投身于平静的自省当中。蒙田从法庭和市场的交易与事务中抽身，投向故土和文化的安逸和闲暇中。

因此，阅读《随笔集》就像是对所谓"中年谦逊"的一系列探索。通过三卷随笔和后续的三次修订再版（分别出版于1580年，1588年和1595年），蒙田对人类状况的感受毫无保留地反复扪心自问。上千页的《随笔集》作为文艺复兴文化的概述，被奉为现代思想初期最伟大的成就之一。不过，最令人感叹的还是它们长久以来受人追捧的地位。与我们大部分人不同，蒙田即便步入中年还保持着开放的心态，他对手稿的不断修订证明了这一点。蒙田巧妙地创造出的随笔（essai）这个词本身就暗示了这种实践方法——20世纪的奥地利作家罗伯特·穆齐尔把"随笔主义"描述成科学的另一种延续方式——因为它将蒙田的整个的智力工程定义为了对意义的多次"尝试"。一次又一次的失败是不可避免的，中年谦逊就在于接受这一点。随着我们的衰老，唯一现实的志向就是失败得更加像样。

对蒙田来说，这种雄心的先决条件就是孤独——用雄心这个词或许不够准确，因为他想要的恰恰是摒弃雄心。他认为，独处有助于保护自我。通过"在店铺后面，保留一间自己的房间"，我们得以将注意力重新放回自己的幸福上[①]。然而仅仅远离社会是不够的，我们还必须远离"我们内心深处的乌合之众的属性"。毕竟，当我们步入中年之时，我们已经为别人活得够多了，至少应该为自己走过"生命的尽头"。在蒙田看来，中年的目标理应是自立。

不过，像许多自我救赎的大师一样，蒙田思想的核心有一个悖论。他越是探索自我，就越背离自己的目标。过于刻意地追求开悟，无疑最终会导致错失开悟。他承认："我无法在寻找自我的地方找到我自己。"对一个一切作品基于自我审视的人来说，这样说未免有些古怪。但大多数情况下他并不会直接探索自己的思想，而是通过某一主题的现有先例间接求索，这种退让就

[①] 米歇尔·德·蒙田《论孤独》，载于《随笔全集》，M. A. 斯克雷奇主编及翻译（伦敦，1991年），第266–278页。后文所有对《随笔全集》的引用都取自此版本。

不会显得那么奇怪了。既然蒙田是一位典型的文艺复兴时期的思想家，这些先例势必来源于经典。

蒙田不止一次提到，自己的母语是拉丁语。他的父亲为他请了一位只讲拉丁语的家庭教师，且在孩童时期，他在语言上的天赋就早已让众位老师瞠目结舌。可始料未及的是，中年的他选择用掺杂着塔斯肯尼方言的现代法语白话撰写那些随笔。这又是为什么呢？答案就藏在他思想的本质中。蒙田想要写给那些接受过教育，却没有受过太多教育的大众读者。他的随笔旨在"（既不）讨好市井庸俗的头脑，又不取悦一枝独秀的思维"。只有用法语，而不是拉丁语写作，才是"在中间地带勉强维持生计"的唯一方法。蒙田渴望吸引的不是文艺复兴人士，而是文艺复兴时期的普通人。

可是，对大众品位的让步也就到此为止了。《随笔集》处处被点缀着（实则充斥着）对古典文献的引证，几乎每一页上蒙田都引经据典。其中一部分原因是，如此一来他便能依赖文艺复兴时期人文主义的共同信仰，这是一种兼具基督教与古典主义的人文主义。当然，也因为他事业的本质，以及他对中年智慧领悟的本质，是建立在古典主义之上。最重要的是，蒙田还是一位斯多葛主义①者。

倘若说有一位思想家决定了蒙田的斯多葛主义，进而决定了他对人类处境之虚无的见解，那当属古罗马哲学家塞涅卡（公元前4年—公元65年）。蒙田在他的随笔中引用了不下298次塞涅卡的《道德书简》（拉丁名为 *Epistulae Morales ad Lucilium*），有些地方即便没有直接引用，也流露着这位古罗马思想家对蒙田在例如自杀或是遭受苦难方面态度的深远影响。虽然苏格拉底的人生仍是德尔菲神庙上那句"认识你自己"的箴言最崇高的典范，但对蒙田来说，追求自我了解本质上始终是一种塞涅卡式的行为，正因它培养的是极简和谦逊。这种追求的核心是斯多葛主义与时间的关联。

---

① 斯多葛主义（Stoicism），或称斯多葛学派，为古希腊四大哲学学派之一，由公元前3—4世纪前后的古希腊数学家、哲学家芝诺（Zeno）创建，代表人物包括塞涅卡、爱比克泰德、马可·奥勒留、蒙田等。——译者注

中年心态
THE MIDLIFE MIND

塞涅卡最著名的单篇作品无疑是公元49年左右创作的随笔《论生命之短暂》(*De brevitate vitae*)。作品的题目正概括了其内容。塞涅卡曾经是反复无常的暴君尼禄的家庭教师，因此他对生命的不堪一击略知一二（事实上，最终被逼迫自杀的下场印证了他内心中对命运无常的最深的恐惧）。在他的后半生里，塞涅卡越来越专注于描写关于生命短暂的道德短文。由此派生出的哲学顺理成章地成为贺瑞斯①主张的变体：及时行乐（*carpe diem*）。既然未来缥缈不定，把握当下成了重中之重。

这种主张和与时俱进的现代正统观念背道而驰，因此它对我们的中年心态起到了异乎寻常的影响。例如，像歌德这样的作家会主张不断地开始才是应对衰老最有力的武器，而塞涅卡坚持认为只有当下经历的感受才是最重要的，而不是我们是否不断尝试新的开始。他在《道德书简》其中一篇中写道，人生已如白驹过隙，别再通过一次又一次的重启来进一步缩短人生。走过人生的各个阶段时我们要格外小心："台阶的数量决定了每一步的高度！"②在他看来，要是我们一直在更换台阶，那将永远无法企及顶峰。

然而，蒙田也并非不加批判地赞同这种塞涅卡式的时间观。蒙田的思想虽然很多时候与斯多葛派相融，却并不像标准斯多葛主义所推崇的那般固执地坚持己见。从第一卷里一篇名为《论坚毅》的短文中可见一斑：蒙田引用斯巴达人通过撤退诱使敌方波斯人溃败的例子，赞成了苏格拉底的观点，认为有时逃跑与坚守阵地一样值得称赞。第二卷的第一篇文章抓住这个话题，表达了与正统斯多葛主义相反的观点，坚信随着年龄的增长"我们行为的变化无常"。没有人能始终忠实于年轻的自己。

在此篇之前的那篇随笔（第一卷的末篇）明确了与中年的联系。蒙田关于"生命长短"的反思立足于存在的脆弱性，他在开篇大胆地写道："我无

---

① 贺瑞斯（公元前65年—公元前8年）是古罗马诗人和批评家。他在《诗集》第三卷的《罗马颂歌》中表达了自己对幸福的认识。在他看来，人们应当在死亡和苦难面前仍保留一颗平和的内心，及时享受当下人生的快乐。——译者注
② 塞涅卡《书信集1-65》，理查德·M.古姆米尔译（马萨诸塞州剑桥，1917年），第325页。

法接受当今确定人寿命长短的方式"（第一卷 第五十七章）。那些"年逾古稀"之人属于例外。16世纪在残酷的宗教战争下四分五裂的法国，老死善终是属于极少数人的奢侈。蒙田的建议是，不妨欣然接受我们已经度过的人生，因为如果我们已经长大成人，那么无论如何我们也已经享受到了最美好的生活。我们生命的后半段不过是奖励。当他47岁写下这段话时，蒙田断言我们在30岁的时候到达人生的顶峰。他举了汉尼拔和西庇阿的例子，阐述"他们大半辈子都是沉浸在年轻时取得的荣誉中度过的"。而蒙田自己的衰老经历也不怎么鼓舞人心，因为他也经历着热情和活力的与日俱衰。在那个可怕的宗教纷争盛行的时代，活到中年绝非易事。

　　蒙田决定将这篇简短的文章纳为第一卷的末篇，赋予了它特殊的意义。在《随笔集》的众多文章中，它成了关于衰老、经历还有时间流逝方面问题的焦点。《论寿命》以"学徒期"一词结尾，蒙田评价这段时期占用了我们短暂又脆弱的生命中太多的时间。然而想要迈过学徒期，说起来容易做起来难，因为在蒙田的文章中，成熟意味着接受不可避免的衰退，它或许是最为棘手的时期。因此，与《随笔集》相关的最著名的观点之一是"探究哲学就是学习死亡"。以此为题的随笔取材于蒙田自己的生活境况（虽然最开始它来源于对西塞罗的赞同，蒙田从西塞罗处得到这个概念）。乔治·米勒·比尔德称39岁为"最富有生产力的一年"。蒙田在他刚满39岁的两周之后告诉自己"至少还要再活这么长"。而他紧接着又质疑了这种想法，认为比起逃避死亡，培养死亡意识或许是更好的办法（这与不惜一切代价求生的动物本能相悖），因为"实践死亡就是践行自由"。这种死亡意识又会反过来影响我们的中年意识。中年其实是上天所设计好的，"手把着手，引领着我们缓缓地、一步步地下坡……这样当我们的青春消逝之时，我们就可以不为所动"（第一卷 第二十章）。

　　为了缓解衰老的残酷现实，我们有必要培养自己的死亡意识。因为"衰老本质上也是一种死亡，甚至比那个随着年龄的增长逐渐衰弱的生命彻底消逝更加残酷"。蒙田认为从青年步入中年比从老年步入死亡更糟，因为前者会让一个人失去太多:"从盛年跌落到苦难之中,比从苦难中死去更加悲哀"(第一卷 第二十章)。它所暗含的道理与一般的中年建议背道而驰:与其为了接受死亡去适应中年,我们不如为了适应中年来接受死亡。蒙田在这篇最坦然的文章中表示,要想缓和中年,我们必须重视尽头。

如果说探究哲理就是学习死亡,那它同样也是学习生活。蒙田中年才开始创作他的随笔,因为不管是通过明示还是暗示,他所有的思想都建立在这个关于存在的矛盾心理上。步入中年即步入漫长的通向死亡的下坡路,但也是步入生命的全盛时期。蒙田能够站在一位基督教斯多葛主义者的角度上教导我们如何衰老,但也同样能用文艺复兴的方式告诫我们,如何以一位自我塑造的人文主义者的姿态慢慢变老。总之,我们怎样阅读蒙田取决于我们怎样读懂自己。

二

我与蒙田初识于少年时期。20世纪的最后一年,我从留尼汪岛归来,来到了维也纳。这座城市自上个世纪末的辉煌年代以来看似毫无变化。在1900年前后短暂的时期里,这座哈布斯堡王朝的首都成了欧洲文化在文学、医学、音乐、视觉艺术等领域的中心。胡戈·冯·霍夫曼斯塔尔、阿图尔·施尼茨勒、古斯塔夫·马勒和埃贡·席勒等耀眼的群星将这座城市点缀得前所未有的璀璨。百年以后,不论如何,它仍保持着病态之美的名声,小心翼翼地将自身形象塑造成一座经过防腐处理的思想帝国。维也纳传说中的那具"美艳的尸骨"无疑可以说是催生了对这个时代意义非凡的科学:精神分析学说。

不论弗洛伊德遗留的思想在当今多么饱受争议,无可厚非的是,他的学说发现并定义了我们现代的自恋。在我们自我帮助、自我表露的自述时代,经受公众审视的人生才是有意义的。而弗洛伊德自己也承认他并未发明自我的概念。弗洛伊德版本的意识学说，不过是把"自我"中令我们感到不愉快的（因此我们"抑制"它们）那些方面提炼出来。对现代自我组成要素之一的"本我"的探索，最早可以追溯到以蒙田为首的文艺复兴末期。

蒙田早在精神分析这个词出现的三百年前就已经发明了一种精神分析的形式。他的文字或许有别于弗洛伊德，少了一分科学严谨，多了一丝人文气息，但他的目标却和弗洛伊德相同：去理解我们行为的动机。从16世纪末到20世纪初，从文艺复兴到现代社会，人类的本能和野心一如既往。借用塞缪尔·贝克特的名言，"欲望总是恒久不变的"。[①]而两位思想家之间也有明显的差异，这种不同影响了他们各自整个的探索之旅：弗洛伊德分析他人，蒙田则分析自己。看似傲慢，实则谦逊，因为蒙田将自己限制在了一个可以说是无人能够与他比肩的专业领域。正如创作小说一样，中年谦逊也是如此：写下那些你所知道的。

当然，跟稚气未脱的小毛孩讲这些道理的问题是，他们知道的太少了。当我在寒冬时分的维也纳开始拜读蒙田之时，只是本能地感受到自我发展，但是仅此而已。《随笔集》看起来就像是一个完美的工具，一部帮助读者实现自我的早期现代性[②]的自助指南。不过，同生命中其余的事物类似，我们从它身上读到、学到什么取决于我们何时读它。有些书最适合在青春期的尾声翻看，比如杰罗姆·大卫·塞林格所著的《麦田里的守望者》，因为它捕捉到了初入社会的人所特有的竭尽全力对真实的追求。但当步入中年时，我们还能继续像霍尔顿·考尔菲德一样把人划分成"虚伪的"和"真诚的"吗？少年时代非黑即白、要么全有要么全无的天性，被成熟的细微灰度差别所取代。

还有一些作品，想要阅读它们，首先就需要具备这种成熟。蒙田对衰老，对虚无，对节制之美德的反思并非来自一位风华正茂的少年。人们要

[①] 塞缪尔·贝克特《墨菲》（伦敦，1973年），第36页。
[②] "早期现代性"指在某个区域的历史中存在的一些"现代现象"，为此后从传统到现代的历史变迁提供了各种要素，包括社会、经济和文化等方面的转变，可以认为是介于二元的"传统"和"现代"之间的概念。参考汪晖《关于"早期现代性"及其他》，《中华读书报》2011-01-19期。——译者注

是没有一些类似的经历，很难产生共鸣。另一位维也纳作家斯蒂芬·茨威格在作品《蒙田》（1942年）一书的开篇就表明了这种观点。茨维格在流亡巴西的绝望中写下这部作品（他在同年自尽）。这部他最后的作品，与昔日的悲怆产生了共鸣。"只有饱经风霜、历经考验的人才能欣赏蒙田真正的价值，"他这样写道，"我愿把自己纳入其中之一。20岁时的我，拿起了一本《随笔集》，那本他留给我们的无与伦比的杰作。我必须坦言，当时的我不知道该怎样去读它。"① 当我漫步在维也纳的街头，回顾那个20岁的自己，我认识到我也同样如此。我已经活得久到可以开始思考死亡了吗？我在期待蒙田的成熟能遏制我的不成熟？在这样未谙世事的年纪拜读蒙田，我究竟想要习得何物？其实这个问题在人生的任何阶段都同样适用：我们为什么阅读？读什么？什么时候读？一如既往，蒙田期待的答案是："我少时读书为了卖弄学识，后来多少为了明理，现在则为了消遣，而不为获利。"（第三卷第三章）

蒙田所说的读书目的曲线无疑适用于我们大多数人，当然也适用于我。谢天谢地，我"卖弄学识"更多的是给自己，而不是给别人。不过它的根本目的很明确：给人以某种特定的印象。讽刺的是，蒙田长久以来都在被这样使用：这里有一张标志性的照片，弗朗索瓦·密特朗浑身总统气场，腿上摊开一本《随笔集》。如果说蒙田本人是谦逊、内敛的，那么密特朗则喜欢炫耀性的文化消费构成的虚假谦逊。我们所了解的蒙田象征着成熟与智慧，照片中的姿态比预想的更有启发性，因为它并未像密特朗所期待的那样，展现出他成熟又智慧的一面。用奥威尔那句著名的话来说，在50岁的时候，人人都会拥有自己应得的肖像。②

炫耀、明理、自娱：随着年龄的增长，我们阅读方式的变化反映了这些需求的转变。我们该思考应该怎样重读一本书时，这种变化就更为明显了。正如某些书确实需要人们在特定的年龄阅读，还有一部分书只有人们重读后

---

① 斯蒂芬·茨威格《蒙田》，威尔·斯通译（伦敦，2015年），第38页。
② 参见乔治·奥威尔《随笔、新闻和书信集第四卷：1945—1950》（伦敦，1971年），第515页。

IV
商店后的房间：中年的谦逊

◆ 密特朗，蒙田和中年姿态：弗朗索瓦·密特朗总统肖像，吉赛尔·弗洛因德摄于1981年。

才能真正地领悟。虽说把像马赛尔·普鲁斯特的《追忆似水年华》这样十四卷的大部头读两次听起来很荒唐，但我们只有重读时才会真正理解其中的意味，因为在最后一卷中叙述者醒悟了他作为一个作家的使命，于是启动了整个循环。其他循环结构的作品无疑也是如此——例如理查德·瓦格纳的《尼伯龙根的指环》、约翰·邓恩的十四行诗《科罗娜》。在这些作品中，前后呼应的风格和叠句的使用使得首尾相连。《随笔集》和它们有所不同（尽管巧妙地安排了篇章顺序，最后一篇《论经验》为全书收官），尽管如此，在中年时期重读此作能够知晓蒙田自我认识的"尝试"的根本目的：用他自己的话来说，为了让自己明理。年少时读书为了聪慧，成熟时读书为了本真。

在《论书籍》（第二卷 第十章）一文中，蒙田探讨了这一区别。他以真正的苏格拉底的方式坚持认为，重要的并非我们在某方面无知（这几乎是不可避免的），而是我们接收到这种无知的能力。矛盾的是，要想达到这种真正的知晓无知的境界，只能通过不断汲取那些伟大的古典大师们传授我们的知识。在蒙田看来，这种智慧最早能追溯到普鲁塔克和塞涅卡，大概是由于和与他们同时代的西塞罗或是恺撒不同，他们专注于书写智慧的作品，而不是优美的作品。对于道德学家蒙田，伦理总是胜过美学。

这种区别也直接体现在他设想中的衰老经历上。蒙田不仅将正统的文艺复兴诗学应用到了他的文学作品当中，还将其作为人生的标准，即真正的诗歌应当是"怡人的"且"具有开导性的"。如果说诗歌这个术语与贺拉斯的《诗艺》（*Ars poetica*）一样源远流长，它将美妙与实用完美融合在一起产生划时代的意义，那么经蒙田之手，天平向实用的一边倾倒，指向了"做学问的书籍，而非拿学问装点的书籍"。此外，随着我们的衰老，天平将愈发倾斜。我们对炫耀的需求日渐减少，而愈发需要智慧的开导。"我只追求明理做人，而非博学雄辩，"蒙田对西塞罗的文风评价道，"这些亚里士多德哲学索然寡味。"（他还建议，即使是女性，也应该"在步入而立之年后自称贤善，而非艳丽"。）不论是文学作品还是人生，智慧，而非才能，才是成熟的核心要求。

IV
商店后的房间：中年的谦逊

此处有个显而易见的悖论，那就是蒙田沉浸于引述他人的思想。引经据典几乎成了他的代名词，几乎没有一页不引用过去的那些大人物。就连"避免引用"的建议实际上也是一句引证，不妨看看他喜爱的塞涅卡："男人（vir）……热衷于摘录，用那些广为人知又凝练精简的名言来支撑他们的弱点，依靠自己的记忆，是丢脸的；他们是时候该依靠自己了。"① 塞涅卡明确提到的男性的成熟（我手中的法语版把句中的男人译成"中年男性"）说到了重点：人到中年，我们应该有勇气坚持自己的信念，而非来自他人的信念。然而讽刺的是，蒙田正是从他人身上寻得信念。

不用说，这种讽刺同样适用于你正在读的这本书。我也是靠他人的例子，结合欧洲文学经典以史鉴今，以此来主张中年自立。本书的整体结构立足于在自主与权威之间、在"我"和"他们"之间找到平衡："他们"的文字和思想影响了我自己是如何经历衰老的；而我的拜读和借用也决定了书里会谈及哪些"他们"。如果说本书勾勒了中年文学的经典，那么它也仍然是我的经典。阅读疗法需要有参考书目。

这同样也是中年的本质。成功地度过中年需要平衡自我的独立和他人的恩惠。我们通过他人的文字，寻找自己的声音。彻底长大成人需要自己学会走路——这是康德的比喻——但没有他人的援手我们无法学会走路。步入中年并意识到，不是要忘记过往的一切，而是不要再顺从它。简而言之，中年的我们必须在他人的帮助下青出于蓝。

要不是出自蒙田之口，此类教训也不值一提。任何读他作品的人必定会惊叹于他对喜爱的作家引用频率之高。而他之所以这么做，是在学会展现自己的思想与经历后，源自心底的考量。他写道："我希望作者们能开门见山谈结论"（第二卷 第十章）。大体上他自己也是这样做的，只有当他建立了自己的论点之后，才会开始引经据典。这个过程让我回想起刚步入40岁那会一位前辈同事曾给过我的建议：删掉所有引用其他评论家的地方，大胆一

---

① 塞涅卡《书信集》，第237页。

些，快速提出你自己的观点。他提醒我，我不能再以潜力衡量自己的价值，重要的是我要说些什么（也可能实际上并不重要），而不是令我望尘莫及的那些人曾说过什么。总之，不要转述，展现自己。

当在维也纳第一次拜读蒙田的大作时，我无法接受这样的建议。没错，谁想提前变老呢？如果说20年后我多少有些领会《随笔集》的智慧，那不是因为蒙田变了，是我变了。但要是认为自己一定变得比之前好了，未免有些可笑。衰老的道路并非一帆风顺。蒙田在对比他的作品第一版和第二版书的时候，将这种曲折前行的过程总结如下：

"我作品的第一版出版于1580年：多年以后，我已然老去，智慧却无半分长进。此时的我与彼时的我判若两人，但哪一个我更好呢？我无从得知。倘若人总是走在前进的道路上，衰老或是件美事。可惜衰老之路上的我们像醉鬼一般，晕晕乎乎，跟跟跄跄，像一丛芦苇，在风中肆意摇曳。"（第三卷第十章）

蒙田的自我怀疑显然削弱了所谓不变的自我。他以一种原始的弗洛伊德式的方式，重新塑造了一个不稳定的、受时间变迁的影响的自我。随后的几个版本分别在1580年、1588年、1595年出版，如同相片里定格的面孔一般，将日渐衰老的蒙田分割为一张张本我的快照。我们可能都经历过类似的生命节点——对我来说则是从1998年的维也纳一路跌跌撞撞走到了2018年的坎特伯雷，前者代表着成年早期，后者象征着迟到的成熟。生活的这种形式可以说是追溯性的，不是实时的。

然而，假若我们只有在回首往事时才能够发现其中的曲折，那么去发现的行为本身才是最重要的。从字面上理解为"重新发现"，正是这一刻标志着中年。英雄为了完成他的使命必须要经历从无知到博学的转变，亚里士多德将其称作"发现（*anagnorisis*）"。比起不好听的中年危机，寻找这一时刻才是对中年感悟更积极的描述。①这个过程可能是迷糊的,但至少我们对它的感悟能可以是清醒的。在为他半生作品加冕的随笔中,蒙田将这种清醒称为"经历"。

三

据悉,蒙田写下最后一篇随笔《论经验》时已五十有六。在16世纪,这已算是高龄。

在步入后半生之际,我们学到了(或者说我们应该学到)些什么呢?一言以蔽之:要去了解、信任自己。蒙田从未偏离过德尔菲神庙上那句"认识你自己"的箴言,但在衰老的过程中,这句话展现出日益强大的力量,成为进行评判的前提。他最后这篇随笔再次强调了自我认识的重要性。不过现在他认为,自我认识既可以通过形而上的思考,又可以利用实际观察来实现。与但丁《宴会》的开头相似,蒙田借亚里士多德《形而上学》的首句开篇——"没有什么渴求比求知更合理"——但随即又指出,个人阅历能像与个人无关的客观理性一样给予我们教诲。之后在文中,他感慨道:"我对自己的研究,比对其他任何主题的研究都要多。那就是我的形而上学,我的物理学。"(第三卷 第十三章)

蒙田竭力追寻时间带来的生理及心理上的变化,经验偏差让他对衰老的屈辱进行了大量具体的观察。弗洛伊德关注童年,而蒙田关注中年(末期),因此他不可避免地会涉及生理现象和它所带来的不满。蒙田饱受胆石症的折磨,他的随笔有很大一部分列举了他的痛苦:他无法在白天入睡,也不能在吃完饭后很快上床睡觉,也无法在没有充足睡眠的情况下或者以躺着以外的姿势做爱;伴随着胀气和呕吐,他的胃越来越难受。荷马有他的船舶

---

① 参见亚里士多德《诗学》,安东尼·肯尼译(牛津,2013年),第29–30页。

名录，蒙田有他的抱怨语录。这位年迈的作家真是一个"凡人，完全是个凡人"。

面对日渐恶化的身体状况，蒙田的反应格外地斯多葛主义，不过是相当个人化的："任何惧怕苦痛折磨的人，已然在经历恐惧的折磨"。衰老剥离了心灵和身体，用修辞和智慧的手法，使前者与后者抗争。在应对衰老这方面，蒙田反复采取阿喀琉斯式的策略。众所周知，哲学家芝诺用荷马史诗中的英雄来阐明他著名的悖论之一——即不论阿喀琉斯跑多快，他永远也追不上乌龟，因为他的路程可以被不断地一分为二，直至无穷。[①]蒙田也多次采取相似的手段去形容自己的分裂："我现在已年逾40，走上了通往老年的道路……从今往后，我不过是半个我罢了，"他在《论自命不凡》中写道（第二卷 第十七章）。当十多年后他写下《论经验》之时，所用的数学隐喻更是成倍增长：

"那些一点一点死去的人得益于上帝的恩惠——这是衰老唯一的优势。最后夺走你性命的死亡自然也就不会那般痛苦了：它只能杀死一个半死之人，或是四分之一个人。瞧！我毫无预兆、毫无痛苦地掉了颗牙，它已经寿终正寝。我身上的这部分，还有许多其他部分，都已经死去；剩下的部分半死不活，包括那些我年轻气盛时最重要、最有活力的部位。我就这样流失着自我。如果我的理智将这样的崩溃看成是在持续衰退之后的最后一次打击的话，那这想法是多么蠢如动物。但愿我不会如此。"（第三卷 第十三章）

初读时，文章中从"完整"的人到半个人，再到四分之一个人的衰退看似简单：年龄正在一刀一刀地割裂着作者。进而细读则会发现更为有趣的东西。除了弗洛伊德式的从牙齿脱落到阴茎疲软（阴茎代表了"年轻时的活力"）这样显著的衰退，蒙田的渐进式的割裂刻画了一个四面楚歌的自我，

[①] 假设速度不变，到目标的位置需要先跑路程的一半，而后再跑完剩下的一半。以此类推，则时间有限的情况下无论如何也到不了终点。——译者注

拼命地试图靠复原碎片来阻止它的毁灭，却不可避免地收获日益减少的回报。而与芝诺悖论不同，他的目的并非强调死亡永远不会追上他的脚步，而是当它真正来临时，却不剩下什么可以带走的东西了。如果说他的"智谋"是一个濒临覆灭的帝国的指挥中心，那么随着他的数学修辞变得越来越军事化，要想步入和度过中年时期，蒙田采取的措施是变本加厉地抛弃他的帝国。战略上的自我剥离阻止了最终被倾覆殆尽的结局。

因此，《论经验》是从数学上接近衰老的自我，同时也从视觉上考察它。在描述岁月流逝带来的变化时，这篇文章有时几乎成了一幅自画像，或者说是一次疯狂的尝试："先是我的面容暴露了岁月的痕迹，还有我的眼睛：我身上一切的变化始于这两处，甚至比实际情况还要糟糕。"倒数第二篇《论相貌》与之呼应，蒙田偶然发现自己年轻时的画像，惊叹于这些年来外貌上的变化："我有自己25岁和35岁时的画像。当我拿来与现在的画像相比较时，我发现：从方方面面，这都不再是我了！与它们相比，我现在的样子和我死去时的样子又有多大的不同呢？"

在现如今这个即时成像的时代，在照片中看见年轻时的自己早已见怪不怪了，这种发现无疑变得索然无味。而在16世纪，人们对时间所带来的眩晕感的体会有别于现在，因为对他们而言时间更紧张（那时的人们活得没有那么长），且不能随时随地被看见（他们也无法常常从照片中看到自己）。如果不断变化的肖像是蒙田在其论文的连续版本中所观察到的智力变化的对应实物，那么它们将是一种新的对有限生命的记录。这位作家跨越时间的深渊，将自己物化成既是主体又是客体、既是观察者又是被观察者，抓住了那些逝去的时间。蒙田的肖像画提供了一个早期现代的证据，证实了巴尔特看似现代的主张，即照片是通向死亡的目录页。

如此说来，生命又是如何呢？除了疾病缠身之外，蒙田也是充满活力的。"你并非因病而走向死亡，"他和塞涅卡一同告诫我们，"你会走向死亡，是因为你活着。"（第三卷 第十三章）毕竟，衰老的画像和不断更新的版本意味着作者在衰退的同时还在成长。他将自己定位于生命的中点，这里或者别处，最终

◆ 30岁的蒙田。

都是一种策略，目的不仅是凸显来临的死亡，而且在于强调持久的生命力。他也确实一直到中年都充满活力。尽管他的胆结石日益恶化，1580年，在他的塔里寒窗十载之后，蒙田踏上了穿越阿尔卑斯山，前往罗马和梵蒂冈的旅途。他的倔强是他对人类状况的深刻理解的一部分，这种理解既源于经验，也源于博学。蒙田是展现自我意识的第一人，但自我意识不单单让我们成为人文主义者，还让我们成为人。同我们一样，中年的蒙田既是半空，也是半满的。

因此，中年时翻阅《随笔集》是件复杂的事。情感的记录，音调的变化，既给人以宽慰，又略显严苛。当然，蒙田在此只不过是反映了当生命的喜剧首次真正迎来死亡的悲剧时，所产生的中年矛盾心理。"我生来就是喜剧的风格，"他谈论道，"但只是对我而言。"伴随着他日渐年迈，这种风格却愈发伤感，更像是一种胆结石的幽默（第一卷 第四十章）。毕竟，缺少现代医疗的衰老终究一点也不好笑，多多少少都需要一些泰然处之的斯多葛主义。从《论经验》中我们就能看出，像所有上了年纪的艺术家一样，苦难难免影响了蒙田的思绪，但它难以撼动他的风格。早在他一头扎进书房的那一刻，他的风格已经成熟。直接重生在中年也有其好处。

IV
商店后的房间：中年的谦逊

　　作为21世纪品读蒙田的读者们，我们只是在想象16世纪末的中年意味着什么时惊讶和皱眉。他风格的成熟来之不易，不单单是古典文化的熏陶，还有内战期间残酷的现实生活一同缔造了大师的成熟。文学批评告诉我们，文字的呈现方式要同文字本身一样具有说服力。即便是4个多世纪之后的今天，蒙田那始终如一的、文明的、端庄的态度展现了关于如何通过写作驾驭时间流逝最成功的例子。《随笔集》为还在中年苦苦挣扎的人们带来深刻的一课：驾驭时间即驾驭自己，把谦逊锻炼成成熟的本质。简而言之，在店铺后面保留一个房间。几十年后，一位更为伟大的作家在探讨中年的意义时，会把这类关于风格和题材的问题作为探讨的核心。

◆ 50岁的蒙田。

V

上年纪：
中年悲喜剧

一

就像生活中的许多事情一样,思考中年最简单但却最能说明问题的方式之一就是去看看我们是如何描述它的。各种隐喻和委婉的形容比比皆是:我们已经过了"盛年",开始走"下坡路";当达到某一"特定的年龄"时,我们便"不再年轻"。其中能说明问题的或许是我们"上岁数(getting on)"这个说法。这种说法的歧义多得惊人,日常英语当中它用于社会、专业及生理等方面的灵活性印证了这一点。一段时间里,我们在社交上与人相处融洽(get on),在职业生涯上有所建树(get on),不过很快,我们就开始生物学上的"上岁数"。这些说法也和我们一起随着时间的推移而变化,从年轻时的理想主义迈入中年的现实主义。我们就像贝克特故事中的人物一样,没法与他人相处,却必须继续把日子过下去,还上了岁数。

生活中或许讨厌这种有歧义的说法,文学作品却得益于它。文学批评家威廉·燕卜荪在1930年就写下著名的朦胧的"七种类型"作为文学语言的基础。越是伟大的作家,笔下的文字也越朦胧。[①]在他的文中,文学像是有意推迟了对终极意义的揭示。这种诗意的语言通过同时表达多重含义,将结论暂且放到一边,创造了文字的不确定性。也许,这样的过程可能与人生的任

---

① 参见威廉·燕卜荪《朦胧的七种类型》(伦敦,1995年)。

何阶段都有关，但对于中年尤其具有特别的意义，因为中年涉及过去与未来的双重视角。当我们感到自己的选择越来越少，发现人生的大门正在一扇扇关闭，我们就越需要这种方式，通过想象的力量打开现实的诸多可能性。中年危机说到底还是出于我们（还）不想确定最终的意义。不稳定才是一切。

如果说最伟大的作家们在这种模棱两可中不断成长，那他们之中最最伟大的将是一位矛盾大师。莎士比亚文字的力量很大程度上就源自其语义的密度。当麦克白自言自语道："无论事情怎样发生，最难堪的日子也是会过去的（Come what come may, time and the hour runs through the roughest day）"①，他话语中的动词也像利刃一般，贯穿了所谓的自我慰藉。麦克白试图磨炼自己，坚信最糟糕的日子也都会过去。然而，这个动词蕴含的凶险意味却强调了他不过和我们一样，被时间折磨得遍体鳞伤。语言，在莎士比亚娴熟的手中，始终在向我们展现自己。

几百年来，批评家们和学校老师们相继指出，正因语言的这种精妙之处，我们要仔细研究莎士比亚的风格。重要的不是他说了什么，而是他是怎样说的，这就是文学批评的第一堂课。完美的文学著作中，形式决定内容——这也是现代主义的正统观念。我自己在20世纪末的精读教学中也感受到，文意是要在字里行间中、在表面之下、在某一句话的字面意思之外去寻找的。文字所能蕴含的意义越多重就越好。批评家们负责像侦探一样解读文本，找出被埋藏的真相。

不过，有时就连最聪明的批评家也只需说出某部文学作品是关于什么的。就莎士比亚的戏剧而言，答案无疑是：权力。从他的作品中能够看到，人类的处境取决于谁拥有权力，谁想要权力，以及谁能够获得权力。"继续下去（getting on）"可以有很多种解读，这是他戏剧的核心思想。继续下去的三种主要含义对应着戏剧的三种主要类型：人际交往（喜剧）、政治斗争（历史剧），还有形而上的时间流逝（悲剧）。而其中暗含的是继续的思想：

---

① 《麦克白》第一幕第三场。中文翻译参考朱生豪译本，安徽文艺出版社2019年版。——译者注

V

上年纪：中年悲喜剧

我们为什么，又是如何垂涎并取得那些事物？我们为什么，又是怎样觊觎并征服周围的人？这些措辞暗示了这些驱动力之下的根本情感动力是性欲。莎士比亚的语言中，"继续"指的是生命的延续——孕育后代。简而言之，我们需要谈谈性。

性，在老年时是忌讳被谈及的，在中年却并非如此。我们接受中年人有性生活、想要性生活，以及享受（谁知道呢？）性生活的观念。但是，这种观念的措辞与它在青年时期的版本有所不同。成年早期的性欲仅仅是肉体上的吸引，而中年时期却愈发具有心理上的含义。这种转变声明，性以及我们对性的看法的改变，揭示了中年意义的核心。中年不可避免地被一种对待自身日渐衰退的身体越发强烈的防御心态所定义。在中年时寻找新伴侣的俗套故事，与其说是为了追求更好的性生活，不如说它是成为更好的自己的前提：我们想要向自己证明自己仍有吸引力。这就是为什么只有某些中年人才会想出"一切都和性有关，除了性本身，因为性是关于一些别的事物的"那种老话。当然，一些别的事物指的就是权力。

莎士比亚对权力的描写给人留下最深印象的就是那种四面楚歌的境地。当然也有一些例外，比如《哈姆雷特》中的福丁布拉斯，不过主要还是因为剧情之外对他们的描写很少。莎士比亚描绘权力时，几乎总是集中在对权力的争夺。正如亨利四世所言，"欲戴皇冠，必承其重。"[①]抛开一切人与人之间的较量，这种皇室的不安感很大程度上不过是时间的作用。随着我们的衰老，我们越来越陷入岁月的泥潭，或者说陷入一种对自己年老力衰的焦虑当中。君主制放大了这种焦虑感，却没能改变它。即便是那些小人物，也被时间所左右。

作为16世纪末期的人物，对莎士比亚来说这种衰老的焦虑感绝对是男性化的。他对年长男性角色的兴趣，和对生殖、繁衍、继承等问题的持续关注就透露出这一点。简单来说，权力即支配力。而支配力对剧作家来说在于写作，在于作者如何表现出权威。现实中的类比也很明确：创造力就是生育

---

① 出自莎士比亚的戏剧《亨利四世》。——译者注

力，就是去"孕育"新的生命。现代作家顾虑有孩子的后果（客厅里的婴儿车就是艺术的敌人），而文艺复兴时期的作家则为了没有子嗣而操心（当然，首先得是男孩）。不管从字面，还是性的意义上，后代都是终极的地位象征。

性欲、文字与权力交织在一起，像一缕令人血脉贲张的线贯穿莎士比亚的作品。正因它与中年的形而上学息息相关，对它最为贴切的表现并没有出现在戏剧作品中，而是在十四行诗当中。十四行诗开篇的一组诗被称作"生育十四行诗（Procreation Sonnets）"（1-17）。其实，在诗歌正文开始之前，生育、创造和时间之间的联系就暗含在对它们"独生子"神秘的W. H.先生的献词中，祝愿他"享有一切幸运，并……不朽"。在第七首诗中，这种联系就变得更加明显：

> 看，那普照万物的朝阳从东方
> 抬起他那炽热的头、凡尘的视线
> 都景仰着这初生的景象，
> 用目光恭候着他神圣的车辇。
> 他登临巍巍苍穹的顶峰，
> 中天之日恰似风华正茂的青年，
> 而芸芸众生依旧膜拜他的峥嵘，
> 紧紧追随他金光万丈的朝圣之行。
> 但当他从山巅拖着疲惫的车轮，
> 像虚弱的老叟，颤巍巍地离开白昼，
> 众人不再追随下沉的足迹，
> 移开了那原本恭顺的视线。
> 而你啊，也同样，正午时分转瞬即逝，
> 你将孤寂地死去，除非你有一个孩子。①

---

① 威廉·莎士比亚《牛津莎士比亚全集》，斯坦利·威尔斯和加里·泰勒主编（牛津，1988年），第751页。中文翻译参考《十四行诗》艾梅译本，哈尔滨出版社2004年版。

V

上年纪：中年悲喜剧

莎士比亚在此处运用了极少的词藻，却蕴含丰富的想象，或许也只有他才能做到。其中最为重要的是作为核心意象的太阳。它随着诗的展开不断地升起，又在结尾的"孩子"一词双关中消逝。整首诗就像是在题为"写一首关于'太阳'的诗"的写作练习中，交出一份出神入化的答卷；或是在与精神科医生进行的有关"太阳"的文字联想游戏中，给出令人拍案叫绝的回答。莎士比亚对于创造（生命）之重要性的焦虑情绪，或者更广泛地说，16 世纪末期的这种焦虑情绪，随着这首诗的展开越来越明显："得"子（又是这个词）是唯一能够阻止死亡的方式，或者像在第二首中他所说的那样，"四十个严冬威逼你的容颜"。太阳开始渐渐落下，而后代慢慢长大。

进一步细读我们会发现，这首十四行诗的语言也揭露了许多伊丽莎白时期的人们是如何看待衰老的。诗文的肢体语言充满着对岁月流逝的抵抗。"年岁"一词出现了四次，不单是诸如"中天之日""老叟"般明确的表达，还有在"登临……顶峰""朝圣之行"等词里。莎士比亚在潜意识里就好像在尝试抑制衰老所带来的焦虑感（虽然并不太成功）。与之相对的是强调视觉为主要感官的句子。"看"和"年岁"一样四度出现，恰好反映了许多诗中都表现出的莎士比亚对"风华正茂"的迷恋。然而，在诗的尾声，"风华正茂"却被"而你……将来也会同它一样"的逻辑论述所阻碍，只有被判处繁衍，才得以被释放。结尾的虚拟语气"除非你有一个孩子"成了一种命令：生育子嗣。

顺理成章，这种繁衍的过程也被对应到性行为上。"山巅"与最后谈及的死亡都可以作为性高潮的代名词。这首诗本身是关于步入中年时也要保持活力的。诗的关键在于第二段的四行中，预示着最终对"光彩照人的韶华也会转瞬即逝"的恐惧。在此处，莎士比亚选择高峰或是山峦的经典意象作为衰老的空间隐喻：在"巍巍苍穹的顶峰"，中年仍像"风华正茂的青年"。不过，之后的"而芸芸众生依旧膜拜他的峥嵘"再次激起那种抵抗感，好像这种美会随时被夺走一般。"中年"在此刻仍是生命的黄金时期，但也仅仅如此了。这使得十四行诗的寓意产生了奇怪的变化：升起的太阳像衰老的人，而衰老的人却像刚诞生的孩子。对比之下的循环往复，似乎成了一种逃避线性时间的办法。

因此，这首诗所传达的主旨可以被解读为：上了年纪，就应该生个孩子。孩子又反过来在诗人的脑海中激发了对太阳的联想，这并不意外。在莎士比亚的所有比喻当中，太阳算是最常见的一个（"我怎么能够将你比做夏日？"①），主要是因为太阳一天天地划过长空，本身就让人联想到人类的衰老。例如《仲夏夜之梦》就试图描写人的盛年——忒修斯和希波吕忒的婚礼——并让它在想象的国度（仙境的"梦"）里长久持续下去。甚至连季节上和它相反的《冬天的故事》也将仲夏与中年明确地联系在一起，认为仲夏是短暂的，就像帕蒂塔描述金盏花"与太阳一起入眠，/又哭泣着与它一同升起。这些花儿/是盛夏的花，我想它们应该被送给/中年的男子"（冬天的故事，第四幕第四场）。如此一来，莎士比亚在高峰山峦这样关于衰老的标准空间隐喻基础上增加了时间的流逝。这意味着这首十四行诗的整体结构以最后一个联句开头的连词"so"为轴心，这种结构在所有十四行诗中反复出现。末尾几行写给衰老之人，他们衰老的过程就像太阳划过天际的轨迹一样；于是"正午时分"应该代表着一天中的顶点，也就是人生的盛年之时。然而，它也是充满对未来的焦虑的中年时期。

显然，这种焦虑感在16世纪末期尤为强烈。蒙田在他35岁左右时便打算退休；1600年，莎士比亚也在同样的年纪到达创作的巅峰。截至此时，他作为剧作家的生涯顺风顺水。然而在他36岁的巅峰过后，他的太阳却开始落下，他开始像许许多多衰老的演员和作家们那样走下坡路。可以说，创作之光的逐渐暗淡，在他40岁之后日益增加的合作中便可见一斑。由于他的名气日渐下降，他开始依靠那些崭露头角的詹姆士一世时期的剧作家，诸如约翰·弗莱彻和托马斯·米德尔顿。既然不能打败冉冉升起的新星，那就只能加入他们。他后期作品中角色（泰门、安东尼、李尔王、科利奥兰纳斯、普

---

① 出自《十四行诗》第18首。——译者注

V

上年纪：中年悲喜剧

洛斯彼罗）身上体现出的愤懑与苦涩，无疑反映了这一事实。

莎士比亚在52岁时与世长辞。17世纪早期人们的预期寿命其实和21世纪初期时相差无几，至少对知识阶层来说确实如此，只要能够平安活过早年，那他们就有望活到花甲之年。不过对17世纪早期的人，老年阶段的长度的确是不同于现在的。简单来说，那时的中年开始得更早。这主要是从社会文化角度而言，而非生物学角度：男人（有时也可能是女人）被寄予厚望，他们最好在25岁左右时就成为成熟的士兵和政治家。莎士比亚在《冬天的故事》里借老牧羊人的话语道出了这种加速衰老的感觉："我希望人过了10岁就变成23岁好了，或者年轻人可以一觉睡过这段时光。因为在10岁到23岁的阶段，除了谈情说爱、违背祖训、偷窃和打架之外，并没有任何事情可做。"（《冬天的故事》第三幕第三场）。如此说来，23岁以后，男孩们就该成长为男人了。在成熟面前，年轻不过是一种搅扰，应当尽早被取缔。

不过，如此强调成熟的问题在于，人们对于死亡的意识也愈发强烈。莎士比亚同许多以蒙田为首的近代早期作家一样，不断在我们的耳边低喃着死亡警告。哈姆雷特将可怜的郁利克描述成一个"最会开玩笑、有着无限想象力的家伙"[①]，可悲的是他的尸骨证明了他其实是有限的。我辈生来横跨于坟墓之上，身子的两侧分别是欢笑与泪水。悲剧和喜剧肩并肩，中年处于青春的喜剧（爱情、性、友谊）与年迈的悲剧（没落、衰退、死亡）之间，是最能体现这种矛盾情绪的时期。在生命的巅峰时刻，我们也到了下坡路的起点处。婚姻是喜剧的高潮，也是中年的开端。这样一来，我们或许应该思考，到底什么才是最适合描写中年的体裁。

衰老的过程遵循着一种预设的抛物线轨迹。我们步入成年时，视自己为一流的男性或是女性。法国人称之为"一流的青年（*jeunes premiers*）"。我们之中容貌最为俊秀、最具魅力的都是浪漫的主角们，无疑我们所有人都乐意把自己视为其中之一。当我们步入中年时，即使在想象中，这样的角色也不

[①]《哈姆雷特》第五幕第一场。中文翻译参考朱生豪译本，安徽文艺出版社2019年版。——译者注

再适合自己。年轻时浪漫的满腔热血让位于成熟时现实主义所谓的可靠。中产阶级的事业和婚姻理想，要么被欣然接受，要么避而远之。不论哪种选择都是中年的常态。于是，我们衰老过程中的第一次转变，就是从浪漫走向现实。

倘若我们留心观察亚里士多德对抒情诗、戏剧以及史诗的分类，又会发现第二次转变。抒情诗专属于年轻人，因为它基于对情欲的渴求，而这种渴求首先是一种未被满足的欲望。中年则基于一种欲望被满足的感觉，更准确地说是一种顿悟——人们意识到，无论如何，这种欲望的满足无法像他们所期望的那样令人满意。中年漫长的倦怠期更适合戏剧或是史诗作品，而非情感的抒发流露。毕竟，中年之诗一听就不怎么朗朗上口。

然而，或许喜剧与悲剧之间的差异最能凸显中年的心态，也正是在这种时候，阅读莎士比亚会让我们受益良多。在21世纪，我们沉浸于无边无际的唾手可得的娱乐资源，难免会发现莎士比亚的戏剧作品中的喜剧情节略显生硬。我认为，即使是《错误的喜剧》中非常精彩的段落，也包含着一些预先准备好的捧场笑声。和大家一样，我在上学时也经常去埃文河畔的斯特拉福①。和大家一样，我也曾对变装和那些逗笑众人的浪漫误会感到厌倦，在幕间休息时就逃去了酒吧。因此，喜剧更像是一种体裁的描述，这种体裁本身首先基于圆满的结局。不过，它同样基于这样一个事实，那就是结尾也象征着新的开始，这在悲剧中极其少见。这个崭新的开始，小心翼翼地隐匿于幕后。它就是中年。

而莎士比亚的悲剧又与此不同，它们将中年推向了舞台中间。1623年出版的《第一对开本》中的11部悲剧里，只有两部聚焦在年轻角色身上（《罗密欧与朱丽叶》和《哈姆雷特》）。剩余9部中，早期的《泰特斯·安德洛尼克斯》写于1600年前后10年，恰巧是莎士比亚自己步入中年之时（他受洗于1564年，逝于1616年）。除此之外，均把人类视为衰老的动物。奥赛罗、麦

---

① 位于英格兰沃里克郡，莎士比亚的出生地。每年在此地会举办莎士比亚节，期间会举行莎士比亚所有剧目的演出。——译者注

V

上年纪：中年悲喜剧

◆ 将刀子刺入：约瑟夫·L. 曼凯维奇的电影《裘力斯·恺撒》（1953年）中，勃鲁托斯正在攻击恺撒。

克白、裘力斯·恺撒、安东尼、克莉奥佩特拉、科利奥兰纳斯、雅典的泰门：至少最开始，他们都处在人生的巅峰。威胁到他们的问题都是中年的问题，是权力与威望引来的斗争与嫉恨。如此看来，那句格言应该反过来说：悲剧，就是喜剧加上时间①。

时间的流逝是众生的普遍经历，也是莎士比亚的终极主题。当然，它时常出现在幕后，或者在剧目表演开始时悄然降临（年老的李尔王就是极端的例子）。但同样，它也时常由其中某一角色直接谈起。这种情况下，读者会留意到，莎士比亚不管是在喜剧还是悲剧当中，始终将时间比作舞台。无疑，前者最著名的例子就是《皆大欢喜》中的《人生七幕戏》（"全世界是

---

① 马克·吐温的原话为："喜剧，就是悲剧加上时间。"——译者注

一个舞台,所有的男男女女不过是一群演员")。至于后者,没有哪段会比麦克白面对夫人死亡时的漠然更加能引起形而上的共鸣:

明天,明天,再一个明天,
一天接着一天的蹑步前进,
直到被记录的时间里最后一个音节;
我们所有的昨天,不过替傻子们照亮了
尘土飞扬的死亡之路。熄灭吧,熄灭吧,短促的烛光!
人生不过是一个行走的影子,一个在舞台上
趾高气扬的拙劣伶人,登场了片刻,
就在无声无息中悄然退下;
它是一个愚人所讲的故事,充满着喧哗和骚动,
却找不到一点意义。①

麦克白的喃喃自语与我们感受到的中年的倦怠有着显而易见的联系:随着中年蹑步前进,时间看似也放慢了脚步。中年心态的特征也体现在它既是回首过去,又是朝向未来的双重视角上:"所有的昨天"指向了"被记录的时间里最后一个音节"。不过,最让我们感受到莎士比亚自己对中年的忧虑的,还属将生活比作戏剧或故事。人人都透过自己那日益增厚的镜片观察着衰老。那么,对于一个戏剧工作者来说,自然就会像在一出早已设计好的剧作中扮演某个角色一样来体验衰老。我们登场了片刻,又退下了舞台。从人生,乃至艺术的角度来看,这昙花一现的一刻本身既是一出喜剧,又是一出悲剧。它用那些价值的假象,分散着我们的注意力,终究却只能化为徒劳。简而言之,对莎士比亚来说,中年作为生活的缩影,必将是一出悲喜剧。

---

① 《麦克白》第五幕第五场。中文翻译参考朱生豪译本,安徽文艺出版社2019年版。——译者注

V
上年纪：中年悲喜剧

二

然而奇怪的是，在莎士比亚的经典作品中，并没有一位标志性的中年角色。年轻的男演员们渴望扮演哈姆雷特，年长的演员们致力于扮演李尔王。不管是中年男演员还是女演员，他们的经典角色又在哪里呢？也许只是这样的角色太多了：奥赛罗和伊阿古，恺撒和勃鲁托斯，安东尼和克莉奥佩特拉。看起来中年是成对出现的。也许这就是野心勃勃的演员们选择上别处寻得关注的原因。这些演员们和我们一样，简单地忽视了一个事实，莎士比亚是处理中年焦虑的大师。只有当我们停下匆匆赶路的脚步，从镜子里看见自己的拼搏时，才会意识到，自己也是有限的。莎士比亚教会我们一件事，那就是我们终将迎来死亡。

接受死亡的方式之一，就是通过艺术来克服它。不管是对读者还是作者来说，都是如此。那些经典的、所谓"永恒的"文学作品，向我们展现了超越自己的历史时刻的可能性，即使只是在我们的想象中。我们对那些创造出来的角色的情感反应也是如此。从亚里士多德到玛莎·努斯鲍姆，理论学家们解释过，在艺术的作用下，情感不仅被激发，还能被抹去。[1]也许这主要源自我们对故事主人公的共情。我们感受到他们的痛苦、喜悦，抑或是欲望，因为我们与他们感同身受。我们从圆满的结局里感受到满足，因为感受到了间接的喜悦。简而言之，我们擅长自我投射。

在莎士比亚的作品之外，很难再找到如此之丰富自我投射的可能性，或许这恰恰就是他成功的秘诀。莎士比亚经典作品的广度很容易使其成为一个存在主义的认同游戏。扪心自问，你最喜欢哪个角色？答案可能会随着你年龄的增长和人生阶段的变化而改变，但同样也取决于你的自我意识的程度。年轻时，我们喜欢把自己想成罗密欧或朱丽叶那样，注定走向悲剧但又光彩夺目的人物；年老些后，也许我们会把自己当成放弃粗暴魔法的普洛斯彼

---

[1] 参见亚里士多德《诗学》，安东尼·肯尼译（牛津，2013年），第23页；玛莎·努斯鲍姆《爱的知识：哲学与文学论文集》（牛津，1990年）。

罗，要不然就是同情李尔王作为父亲的窘境。当然，现实是，我们比起浪漫的罗密欧更像疯癫的波顿，比起严肃的李尔王更像唠叨的波洛涅斯，但我们绝不会把自己当作是这些人。不过，我们倒是会倾向于那些与我们年龄相符的角色。我们肯定都有过这样的经历：青春期过后第一次看电影时，意识到自己更容易和沧桑的成年人产生共情，而不再是叛逆的青少年角色。这样看来，成熟就是叛逆加上时间。

我自己对于这个问题的回答自然也是随着年龄的增长而变化的。年轻的时候，我就像其他有自尊的知识分子一样，想要扮演丹麦王子的角色。长大成人之后，我不情愿地意识到，就像艾略特的《普鲁弗洛克的情歌》中说的那样，我并非哈姆雷特王子，也注定不是。这会让我成为一个侍臣吗？[①]我们都是自己生活中的领导者（即使有时并不觉得如此），而在行动的边缘静观其变也有它的优势。至少，它意味着我们能够观察到自己一直以来的变化。

文学的经典作品为我们提供了一个静观其变的有利视角，因为就算我们变了，它们也不曾改变。用特拉克利特[②]的比喻来说，一个人无法两次踏足一条相同的河流，不仅因为水流不息，更是由于人们永远不再是当初第一次踏入河流时的自己。我们的一生中，身边流淌着文学的长河，它衬托着我们不断变化的担忧，衬托着那些让我们寝食难安的各种各样"继续着"的事物。它也在我们上岁数的过程中，越来越丰富，越来越圆满——既因为我们涉猎更广，也由于我们最初在童年翻阅的那些书本也随着我们一同成长。这些书本与其说是在积灰，不如说是在积累我们的阅历，把我们塑造成现在的自己、曾经的自己，还有将来想要成为的自己。当岁月流逝，中年的我们缅怀青春，想想我们与那些伴随着自己成长的文学作品之间不断变化的关系，

[①]《普鲁弗洛克的情歌》中有这样一句："不！我并非哈姆雷特，也注定不是；/我不过是个侍臣……"——译者注

[②] 赫拉克利特（公元前544年—公元前483年），古希腊哲学家，认为世间万物都在不断的变化之中。——译者注

V
上年纪：中年悲喜剧

就不免感到阵阵头晕目眩。比方说，在与我的两个儿子一起阅读《奥德赛》的时候，我惊讶地发现，他们同许许多多之前的孩子一样，被那些有着独眼巨人、斯库拉以及女妖的漂泊情节所吸引，更震惊于我自己的观点也迥然不同了。我在他们这般年纪，也向往着冒险和奇遇。而现在，我同情这位经历了19年的漂泊，饱受战争和创伤的折磨，不惜一切代价赶回家乡的中年奥德修斯。同样，莎士比亚笔下那些栩栩如生的人物们仿佛就是为了营造这种眩晕感。他们来了，那些活了半辈子的幽魂来了：哈姆雷特带着他那柄小小的刀子，克莉奥佩特拉带着她的曼陀罗汁，贾克斯带着他的人生七幕戏来了。随着我们视角的不断衰老，从中年的角度来看这些角色，与童年时期的感觉大不相同。人们都说，电影明星在现实生活中比银幕上要小。而莎士比亚的那些角色却在中年的视角下看起来是那样高大、那样饱满、那样充满人情味。当然，背后的原因是我们自己也变得更加饱满，更加充满人情味。

文学不单单反映了，也塑造了我们早期的成熟。并且，考虑到在英语世界中他的作品的普遍性，这种文学非莎士比亚莫属（BBC四台的《荒岛唱片》节目，之所以允许人们带上《莎士比亚全集》与《圣经》这两本书并非没有原因[①]）。我自己阅读莎翁著作的经历，典型到老生常谈的程度。当时我还是一个8岁的小学生，第一次接触到他的作品时，我仍记得当初困惑于"刀子（bodkin）""曼陀罗汁（mandragora）"等词时的情景。我的老师路易斯先生是一位友善又有智慧的人。在我的记忆里，他最大的特征就是有一个以路易斯·路易斯这个名字为荣的儿子。他一丝不苟地向我们解释了伊丽莎白时期英文的种种细枝末节。真正吸引我们的并不是诗的内容，而是那些抑扬顿挫。毫无疑问，刀子与毒品总能吸引青少年们，但那些描绘它们的语言才是真正将它们烙印在我脑海里的东西。像许多其他的优秀作品一样，莎士比亚的无韵诗悄然留在了我的意识深处，确实也在某种程度上左右了我的意

[①] BBC的经典音乐聊天节目。被邀请的嘉宾需要回答这样一个问题：如果要去一座无人岛上，只允许带八张唱片，一本《圣经》与《莎士比亚全集》之外的书籍，还有一件没有实际用途的奢侈品，他们会带些什么？——译者注

识。我在早年就已经熟记大量的十四行诗，甚至无法回忆起在学会背诵"我绝不承认，两颗真心的结合，会遭遇阻挠①"之前的时光。那些脑海中的家具搬来得太早，已然变成了一种固定设施。

尽管如此，作为一名成年的中年人，我不知道一个青春期前的孩子会怎样看待这些情感。一个小学生又怎会知道婚姻是对是错？聪明的孩子们自认为他们理解老师教给他们的思想，但他们对这些思想的理解也仅限于知道这些思想罢了。他们学到了理论知识，却缺少实际的历练。这种区别是至关重要的，因为它触及了衰老在道德层面上的本质，蒙田将其定义为经验。这一本质就是，生活实践会对理论进行否认。

当然，莎士比亚已经深知这一点，即使我们其他人要花上大半辈子才能悟出这个道理。他的喜剧作品充满了战胜傲慢的爱（《无事生非》《终成眷属》）；他的悲剧作品充满了与爱抗衡的傲慢（《奥赛罗》《李尔王》）。阅历也许会告诉我们，我们走错了路，又或许不会。我们常常着眼于现实生活，而从一开始就忘了问自己是否从人生中学到了些什么。如果步入中年也意味着对人生的盘点（我们是否达成了期望达到的那些目标？目前为止我们的生活是否幸福？），那么拥有榜样角色们的文学能帮助我们进行估值。

然而，在中年就去评价一个人的成就，仍是危险的想法。如何肯定我们没有对自己太过严苛，或是太过宽容？能够对迄今为止的人生做出公正判断的超脱的视角又在哪里？中年危机就是试图强行解决这个问题，但真正的问题是，我们的自我价值也在同我们一起衰老。从远处看，那些我们渴望企及的目标（工作、晋升、感情、旅行）用完成的承诺戏弄着我们。就算我们走运实现了它们，它们往往又会显得如此虚荣和肤浅，总是迅速被诱人的新目标所取代。我们相信成功是理所应当，而失败持续地刺痛着我们。正如尼采所说的那样，只有不断引起疼痛的东西，才不会被忘记。②

---

① 出自莎士比亚《十四行诗》第116首。——译者注
② 参见弗里德里希·尼采《历史研究的功罪》，载于《不合时宜的沉思》，R. J. 霍林戴尔译（剑桥，1997年），第57–124页。

V

上年纪：中年悲喜剧

于是，有人试图像奥斯卡·王尔德那样将中年的悲剧划分成两类：一种是无法心想事成，另一种则是心想事成。但这样我们又回到了"获得"一词，它再度成为衡量中年的主要标准。难道成熟就没有别的标准吗？我越思考这个问题，越发确信，衰老并非意味着获得更多的权力，而是利用已有的东西，让自己失败得更体面一些。自我评估需要我们思考拥有"自我"的意义。我不想只是反思自己是否达成了这些那些外界认可的目标，更迫切地想要知道自己是否通过这些成了一个"更好的"、更充实的人。当然，这个问题同样很难回答，但至少问对了问题。如果说50岁时我们会拥有属于自己的面容，那么40岁时，我们拥有了自己该有的品格。

于是，成熟似乎会随着时间进展，将一些道德要求强加于我们身上：用自己的经历去帮助别人。继续下去并不是指继续你的事业，而是和人的相处。简而言之，中年不但是一种生物学及认识论的范畴，还是一种道德范畴。如果说哲学家亚里士多德早就知道万物应循中庸之道，那么剧作家莎士比亚就会像任何一位优秀的剧作家一样，通过构建中庸的对立面让我们意识到它的存在。他那些诸多让人记忆犹新的角色都具有极端的性格，例如理查三世或是伊阿古，科利奥兰纳斯或是泰特斯·安德洛尼克斯。他们的极端反衬出了中庸的高尚。艾帕曼特斯这样斥责愤世嫉俗的泰门："你只知道人类的两个极端，不曾了解极端的中间"（《雅典的泰门》第四幕第三场）。莎士比亚暗示道，人非圣贤，亦非罪者。绝大多数人也不是极端厌世者。在柏拉图的《斐多》中，苏格拉底说道："极端的好人或是坏人仅仅是少数，大多数人处在两者之间。"[①]记住这一点，以及提醒他人这一点，本身就是一种高尚的道德。这也是莎士比亚的悲剧作品本身想要强调的东西。幸好，大部分人都介于两者之间。

重要的是，当我们步入和走出中年时，仍不能忘记这点。中年最令人清醒的标志之一就是意识到自己是人生的主宰。随着年龄的增长，你可以继续

[①] 柏拉图《斐多》。大卫·盖洛普译（牛津，1993年），第89页。

认为其他人将做出艰难的选择，认为其他人才是成年人。但总有那么一刻，你不得不承认，此刻自己就是那个长大的孩子，再也无法逃避那些艰难的决定。彼得·潘综合征①和冒充者综合征②并不是一回事。莎士比亚再三向我们展现，不管你喜欢与否，权力都是代代相传的。中年之所以是一种道德范畴，尤其因为它施加于我们的责任感。

显然，意识到这一点也将带给人极大的力量。起初，发现幕布后并没有年老的木偶大师或许会吓得你魂飞魄散，但它也同样意味着，现在操纵一切的绳子已经在你的手中。倘若如莎士比亚所言，大千世界真是一个舞台，那行至中年的我们不仅是台上的演员，还是策划的导演。衰老一步步逼近，但能动性也在增强。就算在最艰难的时刻，像是痛失至亲，或是跌落谷底，中年的我们也比任何时候都更加能够掌控自己的人生。这也是文学能够告诉我们的。

于是，当我努力去驾驭中年的感觉时，令我欣慰的是，这种驾驭是可能实现的。但这种可能性却是以放弃对"掌控"万物的渴望为代价。当我们接受总有些事物永远无法被我们掌控的时候，我们才能最好地驾驭一切。没有任何一条路会始终通往老年的开悟。我们将永远是不完美、迷茫的人。尽管你是个寒碜赤裸的两脚动物③，接纳始终是中年的最后一幕。

---

① 彼得·潘综合征指那些行为幼稚、不想长大、逃避责任的人。——译者注
② 患上冒充者综合征（Impostor Syndrome）的人难以相信自己的成功是自身努力的结果，总是认为自己不配拥有获得的一切。——译者注
③ 出自《李尔王》第三幕第四场。——译者注

VI

永恒的开端:
中年空档期

一

　　1786年9月3日的凌晨3点，在德国西南部的温泉小镇卡尔斯巴德，一名37岁的男子悄悄溜下了床，上了一辆正在等待他的马车。约翰·菲利普·米勒乘坐邮车一路南下，路程难免颠簸，但他心中充满了离开的激动之情。整整一个夏天他都在计划着这次逃离，而现在他终于上路了，朝着阿尔卑斯山向南飞驰。他对自己的计划守口如瓶，更增添了这种不恰当行为的快感。不论好坏，只有当他安全抵达山脉的彼端，他们才会得知他经历了什么。对他来说最坏的情况就是像1775年那样被追上和召回。这一次他可不会冒险。这一次他不论如何都要成功抵达意大利。

　　对米勒来说，这是一段艰难的岁月。如同很多步入中年的人一样，他对自己的处境愈发不满。他的成功来得太早而且太容易。他已经功成名就，地位和稳定以及生活的周而复始变得令他窒息。事业上，他遇到了瓶颈；生活中，他很无聊。哪怕已经竭尽所能，他仍然无法遏制对新事物的渴望。米勒万分煎熬，简单地说，他正经历我们现在所称的中年危机。

　　正因米勒实际上是西方文化历史上最伟大的人物之一，所以相比古往今来千千万万步入中年的人，他的心态更加牵动着我们。约翰·沃尔夫冈·冯·歌德采用这个化名不只是为了尝试逃离名声带来的重负，也是尝试逃离自己。就像超人站进了他的电话亭（打算变身），歌德乘上了他的马车，为了再次变成克拉克·肯特，卸下作为超凡的"歌德"的压力。他还假装自己年轻了10岁，这暗示了他此次意大利之行背后的动机。如同我们许多人那样，当发现自己行至半生，他想要重新开始。

为何歌德不顾一切地想要前往意大利？为什么偏偏是现在？曾有两度，他都期望过抵达阿尔卑斯山的另一边：1775年他在行至海德堡的时候被召回；而1779年时他则决定不再从瑞士继续向南，而是返回魏玛，回到他的雇主大公卡尔·奥古斯特的身边。两次受挫后，1786年单调又乏味的夏日再次为歌德对南方的向往注入了新的动力。他在日后出版的《意大利游记》（*Italian Journey*）的开篇中反复提到，到9月时他急需蔚蓝的天空和温暖的空气。但最重要的还是，作为魏玛宫廷的枢密院顾问，诸多公务缠身使他逐渐失去了创造力。用如今的话来讲，歌德遭受着文思枯竭的折磨。

此次南下对步入中年的他来说是一次重获新生的尝试。歌德激动的语气像是一个要去度假的人。他这样写道：当他迫不及待地翻越阿尔卑斯山，一路直下去往意大利北部时，任何从南方朝他而来的人都会觉得，他对遇到的一切手忙脚乱的反应无比幼稚。他的这种自我意识反映了推动此次旅行的两大情感冲动：一是对南方的渴望，二是返老还童的欲望。他不久之后抵达威尼斯，贡多拉小艇的景象不禁让他回想起童年时他曾用模型小船玩过的游戏，使他沉浸在"久违的青春印象"[1]之中。把自己的手表留在了魏玛也是他有意为之：意大利该是永恒的。地域上南国对北境人的诱惑，亦是时光中童年对中年人的吸引。

歌德的旅途也许已经被当成"意大利之旅"载入史册。不过，醉翁之意实则在乎罗马。他在威尼斯短暂停留了两周，大部分时间貌似都花在了剧院里。随即他便南下赶往那座永恒之城：罗马。途中他也仅在佛罗伦萨逗留了不到3个小时。当11月1日抵达罗马时，他才终于能喘口气。也只有这时，他

---

[1] 约翰·沃尔夫冈·冯·歌德《意大利游记》，《歌德作品集》第XI册。埃里希·特龙芝编（汉堡版）（慕尼黑，1998年），第64页。后文所有对德语版歌德作品的引用都来自此版本。除明确指出译者外，均由本文作者翻译。

才终于能给还在魏玛的大公写信。这回他放心了,至少他已经抵达了期待已久的目的地。他写道,他想要看看这个城市的欲望早已"呼之欲出"。就像在威尼斯一样,在罗马,歌德的语言也如获新生:"我看到一切年轻时的梦想都复苏了。"①

显然,能来到他梦寐以求的城市,他是如此激动,兴高采烈之情感染人心。他早期的信件中洋溢着兴奋。确实,如果非要用一个形容词去总结它们,那只能是"新"了。在他抵达的当天写下的一封信中,歌德在一段话中把这个词用了足足五次,记述了他对"新世界"中"新生活"的"新想法"。中年的伟大梦想,但丁的《新生》(*Vita Nuova*)在他的眼前缓缓展开。他立即合理地把他的新生活称作"重生"。他把来到罗马的这天看作是"第二个生日",他不知道事实上他是否还能被看作是同一个人,因为他有了"深入骨髓的改变"②(此处颇有几分哲学家的斧头的意味)③。大概是在他抵达罗马近两个月后,也就是1786年的12月20日,他深刻探讨了自己转变的本质:

"重生让我由内而外发生质变,并且始终持续着。尽管我曾经真的期待过要在这里学到一些东西,但我从未想过必须要从头学起。有那么多的知识需要忘却,然后再重学一遍。不过现在,我已经意识到并且接受了这一点。我发现我越是抛弃过去的思维习惯,我就越高兴。我就像一个想要在糟糕的地基上建造一座塔的建筑师。趁现在还不迟,他幡然醒悟,不慌不忙地拆除他先前在地面上建立的一切。为了使他的地基更加稳固,他尝试扩大和改善他的设计,并且欣喜地期待着建造一些能够持久的东西。愿上天保佑,当我归来之时,生活在一个更大的世界一定会带给我显著的道德上的影响,因为

---

① 约翰·沃尔夫冈·冯·歌德《意大利游记》,《歌德作品集》第XI册。埃里希·特龙芝编(汉堡版)(慕尼黑,1998年),第126页。
② 出处同上,第146页。
③ 这里指一个著名的哲学问题,如果一把斧头先被更换了柄,而后又被更换了刃,那它还是原来那把斧头吗?——译者注

VI

永恒的开端：中年空档期

◆ 约翰·海因里希·威廉·蒂施拜因《歌德在罗马郊外的坎帕尼亚》，1787年，布面油画。

我确信我的道德感和我的审美一样正经历着巨大的质变。"①

这个段落（使用W. H. 奥登和伊丽莎白·梅耶尔的译本）汇集了歌德此时此刻的许多情感，还有他之所以在他生命的中点决定将一切抛弃的原因。他不只是在学习新的事物，他也是在忘却，在重学旧的知识。他越是摧毁那个过去的自我，也就越有可能找到一个新的自我。那个重新设计地基的建筑师的意象，展现了歌德对更上一层楼的独特构想，也是他的领悟：要想继续下去，他必须重新审视自己存在的基础。不过文段的结尾笔锋急转，不去谈他中年重塑的道德和审美结果，而是针对他希望这种转变能够带来的一体的结果——即对他感性能力的一次彻底的修缮。在"重生"与"归来"之间，歌德下定决心要在身处南方的这一年里产生全新的"道德感"。

5天之后，也就是1786年的圣诞节写下的一封信件，为重生展现了一个更加言简意赅的意象。他写道，看着一位雕塑家用熟石膏铸造一个新的模具，看着雕塑的四肢从铸件中产生，是一件多么快乐的事情啊！不过，这全新的形态在歌德身上又是怎样的呢？尽管他可以出入许多罗马上流社会的府

---

① 歌德《意大利之旅》，W. H. 奥登和伊丽莎白·梅耶尔译本（伦敦，1970年），第151页。

邸，但歌德急切地寻找活跃着德国艺术家侨民们的社区。他和画家约翰·海因里希·威廉·蒂施拜因搬到了一起，周遭被一群能够指导他学习罗马艺术的年轻艺术家包围。蒂施拜因届时将会创作那幅著名的画像，巧妙地描绘了大诗人斜躺在坎帕尼亚前，古迹的影像在他向左伸出的两条腿后铺开。周围都是比他年轻的艺术家，这并不是偶然：歌德正处于间隔年的空档期（尽管间隔年①这个词此时尚未出现），他与艺术家的模特调情，过着学生的生活。他对这一时期的叙述中流露着一种欢愉与无忧无虑的生活之乐。在他日后（在返回魏玛时）创作的《罗马哀歌》（*Roman Elegies*）里，这种情绪也洋溢在诗文里神魂颠倒的情色描写之中：

觊觎那芬芳乳房的线条
掠过那美丽丰臀的荡漾
毕竟，这何尝不是学问？
彼时，方才领悟了大理石像
我对照，我思量
偷觑，双眼触及了肌肤
游走，双手挣开了明眸②

除了表面的情色之欲之外，歌德新发现的视觉美学为这些诗行注入了活力。在意大利期间，这位诗人被画家、雕塑家和视觉艺术家所吸引。这些艺术家们不仅增强了他对罗马艺术和建筑的兴致，还让他不想再仅仅当一个摆弄文字的作家。他告诉自己，人得多画画，少写作，然后又立即无视了自己的建议。他对意大利的兴趣，大部分时候是视觉上的，而非语言文字上的。

---

① 间隔年（*Gap Year*）是西方国家的青年在升学或者毕业之后工作之前的空档期，通过旅行、工作实习等获取一些社会经验。
② 此处翻译，请参考吕迪格尔·萨弗兰斯基《歌德：生活即艺术作品》，戴维·多伦玛亚译本（纽约，2017）。

VI
永恒的开端：中年空档期

于是，当他往南去了一趟那不勒斯和西西里岛，一年后第二次来到罗马，在这个古都度过了1787年的整个冬天。这期间他说他不仅感到自己重生了，还"重新受到了教育"[①]。

这种二次教育的背后是什么呢？在歌德心中，意大利可谓是南方之精髓所在。正如《威廉·迈斯特的求学年代》（*Meister's Apprenticeship*）（1795年）中迷娘歌颂的那样，那是柠檬树花开的地方。当然，这很大程度上要归功于它温和的气候和享乐精神。不过它也反映了歌德一生对希腊和罗马艺术、对神话雕塑和异教神庙的关注，这种关注尤其通过他阅读的艺术史之父约翰·约阿辛·温克尔曼的著作而培养出的。温克尔曼在其开创性的著作《古代艺术史》（*History of Ancient Art*）（1764年）中，对希腊雕塑"高贵的简朴和静穆的伟大"的评价，特别强调了古代雕塑的纯粹可塑性与肉身性，对18世纪末德国文人们美学品位的培养产生了非凡的影响。歌德决定要同一个又一个画家接连去旅行，这算是一种相应的从心灵的艺术转移到身体的艺术的尝试。总之，是一种不仅将他自己重塑成一个人，也是改造成一个艺术家的尝试。在他所有的艺术尝试中，在他将自己重塑成意大利式的创造者与批评者的努力中，有一个流派开始主宰他的思想：古典主义。

在歌德发展的这一关键时刻，他对古典艺术的理论与实践的热情投入，可以被看作是一种生物学事实的美学反映（或者是偏离）。在他生命的中点，这位诗人迫切想要"寻找一个中点，一种无法抗拒的渴求一直在吸引着我走向这个中点"。[②]正如他在抵达古都后写下的第一封信中所说的，这个玄奥的中点（*Mittelpunkt*）（什么的中点？）的惊人召唤表明了对于年近40的歌德来说，条条大路通罗马：美学的、情感的、心理的、肉体的道路。在他逗留在这座城市的时光里，这个词反复出现，尽管有时有些微小的变化——他在1786年最后一篇日记中写道，因为这里"人们有一种由内而外阅读历史的感

[①] 歌德《意大利之旅》，第446页。
[②] 出处同上，第125页。

觉"①。对歌德来说，罗马不仅是历史的中心，也是他生命的中点。

这个崭新的古典阶段奠定了歌德后半生的基调，也呼应了日后他与弗里德里希·席勒的友谊以及他们返回魏玛后发展的"古典主义风格"。这个古典阶段的心理便是以他对时间的理解为核心。也许对歌德在意大利的古典美学最明确的阐述出现在1787年的12月，那时他找到了"所谓古典主义土壤的当代性。我称之为感官上（*sinnlich*）和精神上的（*geistig*）信念，无论往昔、当下还是未来，此处就是伟大所在。"②歌德对罗马文化的典型理解就是身体和心灵的融合。除此之外，值得注意的是，他把古典艺术视为过去、现在、将来之间的中介——也就是说，它是永恒的。放到现在，我们也许会把歌德那超乎寻常的时间意识概括为一种"中年危机"的情绪。而恰恰是这种时间意识驱使着他来到意大利，并持续把他新出现的自我意识定义为追求"可靠"的人："我不是来这儿享受的，"在1786年的11月他这样说道，"而是来让自己投身于伟大的事情，在40岁之前去学习、去成长。"③他的古典主义转变是一种他称之为"压舱物"或"重力"加诸自身存在之上的方式——一种通过永恒来对抗时间的方式。

歌德在这一时期完成的作品正反映了这种对时间流逝的意识。当他第二次在罗马逗留时，一种与时间抗争的感觉开始成为他思维方式的特征。"现在这个时代即将来临，"他写道，"我想要达到能达到的，实行可实行的，正因我已经饱受西西弗斯④和坦塔罗斯⑤的命运之苦——无论是应得的还是不应得的。"⑥"能达到的（*das Erreichbare*）"和"可实行的（*das Tunliche*）"，

---

① 歌德《意大利之旅》，第154页。
② 出处同上，第456页。
③ 出处同上，第135页。
④ 希腊神话人物，因触犯众神而受到惩罚，要将一块巨石推上山顶，而巨石一旦到达山顶又会滚下山去，因此西西弗斯在永无止境地重复着这个过程。——译者注
⑤ 希腊神话中主神宙斯之子，因狂妄自大、对诸神作恶而被打入地狱，经受永恒的三重折磨：他站在池水中却永远无法喝到，身后湖岸长满果实却永远无法摘到，而他头顶有一块随时可能掉下的巨石。——译者注
⑥ 歌德《意大利之旅》，第446页。

VI

永恒的开端：中年空档期

这种典型的歌德式动名词，正好与下文提到的神话人物相反：为了避免遭受西西弗斯之苦，或是同坦塔罗斯般被折磨，人们必须加倍关注在人的一生中什么能实现，什么不能实现。两位神话人物被判处永恒（永恒是神话惩罚最残酷的一面），歌德和我们一样，注定要受到时间的约束。"我已经够老的了，如果我还想做些什么，可不能再耽搁了，"他在仅仅几天后写道，"归根结底就是不要去思考，而是去行动。"①用埃里奥特·杰奎斯的中年患者那句令人印象深刻的话来讲：要么行动，要么死亡。

歌德的行动表现在他重新努力去完成那些未完成的创作上。当他再次投身于好几年前甚至还没移居魏玛时就开始创作的剧本《哀格蒙特》(*Egmont*)时，他感慨："当我创作这部戏剧的时候，感觉自己重返了青春时代。"②这种感觉不仅显现在了剧本中，更体现在了歌德自传《诗与真》(*Poetry and Truth*)的最后一本里。歌德在这本书的结尾摘录了《哀格蒙特》里的一段话："时间的火马③仿佛被无形的力量鞭答着，拉着我们不堪一击的命运马车风驰电掣，而我们能做的，也只有平静而勇敢地紧握缰绳，控制马车的方向，闪过右边的石砾，避开左侧的峭壁。"④简单来说，中年成了岁月流逝的基础。

在这期间，歌德完成了许多其他长期创作，其中包括他的一部关于意大利诗人塔索的戏剧。他早在10年前便开始了这部戏剧的创作，而这相应地也和他假装自己年轻10岁这个行为之间产生了象征性的共鸣。不仅如此，他还收到了四册迄今为止他已完成作品卷本的校样。它们的到来，不出意料地令他反思了行至半生的自己，并且把他的生涯划分成了过去和将来："这些代表我半生成就的四册卷本能够在罗马找到我，是一种很奇妙的感觉。"⑤相隔这么远的距离，这么久的时间，歌德有种感觉——就像蒙田看到自己的肖

---

① 歌德《意大利之旅》，第366页。
② 出处同上，第373页。
③ 古希腊神话中，太阳神赫利俄斯驾着四匹火马所拉的日辇。——译者注
④ 摘自吕迪格尔·萨弗兰斯基《歌德：生活即艺术作品》，戴维·多伦玛亚译本，第290页。
⑤ 歌德《意大利之旅》，第399页。

像，或者任何人回顾他们很久以前所写的东西时所产生的那种感觉——好似自己已经不再是当初写下这些作品的那个人了。构成诗人艺术的那些要素，像哲学家的斧头一样，已然时过境迁。

事实上，这种感受成了歌德意大利之旅的情感基调。如他在1787年10月写下的那样，这位北欧的旅人相信他来到罗马是要寻找"一种对他的存在的补充"，然而他逐渐意识到他必须彻彻底底改变自己，重新开始。[①]他对衰老的理解是不断循序渐进的，他对自己"隐姓埋名"的看法也在不断改变，也正反映了这一点。这位诗人实际只是"半隐姓埋名"，因为他自己也意识到，人们只不过是假装不知道他是谁[②]——这无疑给他带来了某种程度的满足感。1786年11月，他称这样最大的好处便是人们再也不能谈论他，于是他们只能被迫谈论自己以及自己的事业。不过，6个月后他遇到了一位并不认识歌德，但感觉到他是德国人的马耳他贵族。这位贵族向他询问他年轻时崇拜的英雄，那位写下《维特》（*Werther*）的作家。听到歌德回答说这位英雄正是他自己后，这位马耳他的陌生人倍感震惊，结结巴巴地说他一定变了很多。"是的，"歌德答道，"从魏玛到巴勒莫，我的确发生了很多变化。"[③]隐姓埋名已经被揭穿，他不得不面对自己已然衰老的现实。

然而无论是在何处，衰老不一定是一件消极的事。歌德的意大利之行教给我们一个很好的教训就是，人们可以学着去接受时间的流逝；通过重新找到自己对生活的渴望，通过发现一种新的古典美学形式，这位诗人也刚好找到了他生命和艺术的"中点"。当我们说某个我们许久未见的人"变了"，我们通常并不是表达一种夸赞；然而，对于作家或是艺术家来说，持续的变化恰恰是创造力的前提。歌德的生活和作品的一大特点就是，永远处于一个初始的起步状态，这一点我们大多数人可能无法理解。例如和他同时代的威廉·华兹华斯（他在35岁完成第一版《序曲》后，就没有再创作出什么引人

---

① 歌德《意大利之旅》，第430页。
② 出处同上，第133页。
③ 出处同上，第242页。

注目的作品)。尽管如此,衰老中的我们能从他的经历中受益良多。如何在变成另一个人的同时保持本真,是中年的一大挑战。

二

其实,我与歌德的邂逅是在大学时代。在校时,我有幸听说了他的大名,因此不会像某些笨拙的同龄人那样,结结巴巴地试着谈论伟大的"歌德"。实际上当我得知这位诗人来自法兰克福时,我感到一种可以被称为归属感的自豪,因为我的祖母一家就是在19世纪末期作为羊毛商从法兰克福搬来英国的。随着第一次世界大战的爆发,他们把名字"施万(Schwan)"改成了英国化的"斯万(Swan)"。这也是一种不错的普鲁斯特①式的法子,不仅避开了民族主义时代的责难,又保留了犹太腔。至少,在我过度兴奋的想象中似乎是这样。

现在,我教授大一和大二的学生们。回顾我在大学最开始几年读过的作品,我惊讶地发现,从青春期尾声的视角来看,它们是多么轻而易举地被融入生活当中。歌德18世纪70年代的情诗,以及他早期的小说《少年维特之烦恼》(1774年)所带领的狂飙突击运动(Sturm und Drang)与孤注一掷的青春活力交相呼应。仅有的选项只有死亡或荣耀,死亡或者爱。维特举枪自尽不仅是因为他得不到挚爱的绿蒂,更是由于这是一种符合他世界观的戏剧性姿态——从某种意义上讲,也印证了他的世界观。对他来说最重要的是激情(passion),包括这个词词源意义上的情感和痛苦。②他那可悲的错误太过悲怆。他向自然投射什么,自然就只能向他反射什么。他还没学会以自己的方式生存。

18世纪80年代后期,成熟的歌德明显对维特的热情洋溢尴尬万分,这本

---

① 20世纪法国作家马塞尔·普鲁斯特在长篇小说《追忆似水年华》中的某一角色名叫斯万。——译者注

② "Passion"一词曾经有情感和遭受痛苦的意思。——译者注

身就说明了一些问题。毫不夸张地说，他的整个意大利之旅都可以被看作是一次逃离的尝试，既是逃离这本小说带给他令他窒息的名誉，也是逃离他年轻时让人腻烦的多愁善感。他从罗马古典主义概念化走向客观性美学的转变，正是和他早期作品中的极端主观性进行的对抗。歌德在1787年重新修订的版本与之前的文风相差甚远，也正暗示了这一点。大部分的文字由以维特为第一人称视角的信件构成，维特的自白将不得不接受挑战。少年英雄维特的过激行为，也是少年作家歌德的延伸，他们被成熟驯服。

当然，这种改变究竟是好是坏还是取决于个人品味。不过，不可否认的是它反映了人一生中性情发展的标准过程——从激情到理性，从强烈到老成。有人会说，人到中年，就理应磨炼脾性。然而，值得一问的是，这种过程是否与那些最伟大的艺术家们身上不断展现的创造力一致；抑或是，那些努力创作直到中年的艺术家的伟大之处，是否恰恰在于他们找到了抵抗这种激情消退的方法。歌德提供了一个令人信服的案例，不仅是因为他显著的艺术成就，也是因为意大利之行代表了他人生中一个戏剧性的停顿。他没有选择像我们大多数人那样，一边暗自不满，一边随波逐流；而是不顾重重阻力，默默地做出了决定并采取了行动。艰难险阻最少的道路显然无法翻越阿尔卑斯山脉，而翻山越岭才是属于他的选择。

在歌德的例子中，通过对比两首他最著名的诗歌，就可以恰到好处地描述被我们称作成熟的性情发展。其一是写于18世纪70年代初期的《普罗米修斯》：

宙斯，
任你密布云烟
遮蔽苍穹
抑或如采蓟少年
向那橡树，山巅
尽显威风

永恒的开端:中年空档期

而你胆敢动我的土地
我那并非由你创造的茅屋
你胆敢动我灶台
你嫉妒我
熊熊跳动的炉火!

阳光下
再无比尔等群神更可怜的了
也就只能用祭品,用祈祷的气息
滋养你们自己
维持你们那威严而已:
若孩童,乞丐
不是轻信你们的愚者
你们,必将挨饿

当我年少无知
不谙世事,
我曾用迷惘的眼睛
凝视着太阳,好像,
它有一双耳,聆听我的哀鸣,
它有一颗心,
和我一样,对苦难,
感到一丝怜悯

谁伸出过援手,
抵御傲睨万物的泰坦?
谁拯救了我,

中年心态
THE MIDLIFE MIND

免于死亡和奴役?
还不都是靠你自己
我那神圣炙热的心灵?
你们啊,年轻而善良,熠熠闪光,
被蒙蔽欺骗,竟还向那天边的酣睡者,
感谢他们的帮忙

要我敬神!敬你何为?
你们可曾
减轻负重者的伤悲?
你们可曾
擦干痛苦者的眼泪?
千锤百炼把我铸造成人的
难道不是万能的时间
难道不是永恒的命运?
它们主宰着我,也同样主宰着你!

你难道还在幻想
我定当憎恨生活,
逃向荒漠
只因并非所有如花美梦
都能如愿以偿?
在此,我照着我的形象
创造凡人
造出一个种族,同我一样
去受苦,去流泪,
去享受,去快乐,

还要瞧不起你，
同我一样！①

歌德写下这首诗的时候也就20岁出头。《普罗米修斯》是他年轻时狂飙突击风格的典型代表，激情地高唱着对专横神明的蔑视。它的句法和标点就反映了这种反抗态度，表现在例如"宙斯，任你密布云烟/遮蔽苍穹"这种大胆的祈使句和下文的多个感叹号中。上至神明，下至泰坦，通过质疑他们，傲慢地将自己和创造生灵的神圣力量相匹敌："在此，我照着我的形象/创造凡人"。到诗的尾声，当普罗米修斯命令人类"同我一样（*as I*）"蔑视神灵，句末的代词"I"是强烈的自我象征，僭取神权的意图显露无遗。它作为典范，体现了年轻人桀骜不驯的主体性，而这可以说是完全的以自我为中心。

仅仅10年后，成熟的歌德用另一种截然不同的方式呈现了人类与神灵之间的关系：

当至圣圣父，
伸出他冷漠的双手，
在我们头顶翻滚的烟云，
播撒仁慈的电闪雷鸣，
我卑微地
亲吻他的衣边
满是来自
一个真诚孩童的崇敬

神灵面前

---

① J. W. 冯·歌德《歌德诗集》。埃德加·阿尔弗雷德·鲍林译本（伦敦，1874年），第181–182页。

中年心态
THE MIDLIFE MIND

凡人永远不得
衡量自己
他若是向上，
爬到头顶
触及那灿烂星空，
他将无法
踏及坚实的土地；
而暴风云与狂风
尽情将它玩弄

即便，他有着顽强，
坚硬的身躯，他
脚踏无法撼动，始终如一的
泥土；而他
无法企及那最平常的橡树，
甚至没有藤蔓来
丈量他的高度

究竟是什么，划分了
神明和我们凡人的界限？
他们的面前
有着连绵不绝的浪潮，
一条无尽的河道；
而我们，目光短浅的人呐，
瞧见那涟漪泛起，
转眼被涟漪压倒
淹没在夜里，无边的暗潮

VI
永恒的开端：中年空档期

一只小小的指环

围住了我们的生命；

子子孙孙

困在里边，

永远地延续着存在之链。①

《人类的界限》初稿写于1780年，温和地批判了早期诗歌中普罗米修斯式的狂傲。个体的视角被集体所代替，第一人称单数变成了第一人称复数。歌德现在认为自己只是伟大的"存在之链（chain of Being）"中的一环——思想史的奠基人亚瑟·洛夫乔伊在1936年出版的同名书《存在巨链》（*The Great Chain of Being*），让这个词闻名遐迩，是围绕我们生活的"小小的指环"中的一部分②。人类只不过构成了无际海洋的一朵浪花，而神明的眼前看到的却是无数的浪潮延伸开来。用真正的苏格拉底式的话来讲，变老就是意识到我们所知的是多么微薄。当普罗米修斯式的青年痛斥着人有极限的观念，成熟的诗人接受并歌颂他们。就像20世纪70年代的"肮脏哈里"③一样，中年之人必须知道自己的极限。

在之前我们已经看到，这种进步代表了对死亡的接受，而它在中年阶段起到了决定性的作用。警钟不仅仅为歌德而鸣，当我们年轻时，潜意识里会抵制关于死亡的归纳式观点：为什么只因其他所有人都会衰老，都会死亡，我也难逃这般命运？随着我们逐步衰老，这种想法变得不攻自破。在刚步入中年的时候，镜子都会变成死亡警示。在文学上这面镜子可以代表什么呢？不仅是读者无法两次看到同一面镜子中的景象，作家也同样注定要从一个不断变化的视角审视他作品的变迁，就像我们之前在蒙田身上看到那样。要说

---

① J. W. 冯·歌德《精选小诗集：歌德和席勒德语作品译作》。约翰·S. 德怀特译本（马萨诸塞州波士顿，1839年），第111–112页。

② 参见亚瑟·洛夫乔伊的《存在巨链》（马萨诸塞州剑桥，1936年）

③ "肮脏哈里"是1971年上映的动作片《警探哈里》中主人公的绰号。——译者注

文学像一面镜子，那是因为它本身不会有所改变——只不过是照镜子的人改变了。这就是为什么它是理想的伴侣和治疗师。伟大的作品不会评价或是责难我们，只不过是当我们带不断变化的关注点去看它们时，它们会倾听我们并且和我们一同蜕变。人们总是在说经典之所以是经典，因为它们是永恒的，但这其实不完全正确——恰恰是因为它们与时俱进，因为它们能够反映我们不断变化的情感，它们才能永远保持鲜活。我自己与歌德的接触——从一个求知若渴的大学生到孜孜不倦的研究生，从一个结结巴巴的讲师到经验丰富的教授——随着我自身经历的丰富，已经变得与最初青涩的邂逅完全不同。用评论家瓦尔特·本雅明的名言来说，艺术作品是其构思的死亡面具，它同样也是读者重生的助产士。

这种重生会带来怎样的后果？歌德对这个问题最直接的探索可以在他的小说《亲和力》（*Elective Affinities*）（1809年）中找到。小说开篇的第一句话便把读者的注意力引到了主人公的中年："爱德华——我们这样称呼一位正当盛年的富有男爵——在4月的一个美好的清晨，他在自己的苗圃里消磨了好几个小时。"① 其中的措辞立马让人对"正当盛年（*im besten Mannesalter*）"的真实性提出了质疑，突出了叙事在人物塑造上的本质随意性。所谓一个人"正处在大好时光"意味着什么？我们应当把这种生灵称作什么？从某种意义上来讲，故事就从这第一条附加说明上展开：人们的老生常谈警示着我们年轻女子奥蒂莉那难以抵抗的诱惑，还有那作为小说主要隐喻的爱德华对她的"化学反应"。中年，成了一种能够自我延续的小说。

在歌德自身的例子上，中年这部小说最为生动的体现，正是在伴随了他60年之久的大工程上。最终它成了世界文学最伟大的作品之一：《浮士德》（1808/1832年）。从18世纪70年代初到19世纪30年代初，从青年到老年，在歌德的整个成年生活中，他的心神被笔下主人公们的化身所占据。因此，从作者的角度来看，《浮士德》其实是对衰老的盘点清算。当然，这些年中也

---

① 参见J. W. 冯·歌德《亲和力》。维多利亚·伍德海译本（马萨诸塞州波士顿，1872年），第1页。

VI
永恒的开端：中年空档期

有其他作品层出不穷，其中有些直接诞生于作者的中年经历：《罗马哀歌》（1795年）中新的激情和苏醒的情欲，《亲和力》中长期关系的情感纠纷。然而再没有任何一篇作品能以同样的方式和作者一同衰老。

和大家一样，当我初次阅读《浮士德》时，我觉得他是一个关于和魔鬼交易的故事。当然，浮士德与梅菲斯特的关系是情节的核心（尽管歌德版本的传说故事里，重要的是这并非一项协议，而是一场打赌，且是在序曲里上帝和梅菲斯特最初的赌约中就有所预示的——也因此最终被阻止）。然而随着我不安地步入中年，我突然意识到"和魔鬼的交易"这个主题不过是剧情需要，也是一种引出对此剧真正主题探讨的方法。这个真正的主题就是：衰老。

浮士德最渴望的就是返老还童。精力、纯真、活力：在剧的开篇，这位干瘪的老学者和这些品质格格不入。尽管饱读了中世纪所有的主要学科，从神学到法学，从哲学到医学，浮士德仍然不觉得自己在实际人类情感上有很多智慧。这也是为什么他转而向黑魔法寻求帮助。他已经有了很多经验，现在，他需要的是阅历。浮士德求助于梅菲斯特，就像遭受中年危机的人为自己买了一辆新车，这是对冒险的追求。在剧的第二部中，他的古典之旅，包括以特洛伊海伦的形式出现的，作为最终战利品的情妇，代表着他试图（过度）补偿他认为自己年轻时缺失的一切。这也是为什么他相信自己永远说不出命中注定的那句话："你真美呀，请停留一下"（这句话会让他受到永远的诅咒）[①]。他相信，任何时刻都不能带来最大化的满足感。他渴望的不是性，而是返老还童。倘若梅菲斯特是个皮条客，那么他贩卖的是时间。

对我们而言，最值得关注的是，这正是文学的作用，事实上也是文学存在的前提。魔术师梅菲斯特即作者歌德，他倒带衰老的过程，并且根据他的喜好来前后调节到适合他的位置。那些因时间而变得不可能的事物，艺术却打开了它们的可能性：在过去、现在和未来间无拘无束地穿梭。尤其在电影院里，万能的特效让穿梭时间变得司空见惯，很难再引起我们的注意。然而

[①] 梅菲斯特与浮士德的契约是一旦对生活获得彻底的满足，说出了这句话，那他的生命也将随之走到尽头。——译者注

梅菲斯特也有着他的特效，带着浮士德穿梭在数个世纪之间，随意变出历史事件。难怪1926年F. W. 茂瑙的电影版《浮士德》是当时成本最高的电影之一，并对早期表现主义电影的发展起到了决定性的影响。当岁月从浮士德的身上和脸上褪去，当他欣喜若狂地飞过天空，我们看到的不仅是梅菲斯特逆转时间的神力，也是艺术的力量。

不过，站在中年这个有利的视角上，我们并非总是清楚地知道该怎样最好地运用这种力量。我们倾向于认为中年是具有过渡性的。如果说少者活在将来，老者活在过去，那么中年人持续地活在当下，即亚里士多德的时间之"中点"。然而，因为中年之人已知晓青春，却只能假想晚年，这所谓的中点实则是虚假的。知晓与假想之间的区别，尽管看上去显而易见，但它实际上起到了至关重要的作用，因它意味着无论在艺术上还是生活中，我们总是优先考虑已经经历过的东西，也就是过去。正因如此，中年的艺术更倾向于对失去的事物的挽歌，而不是对未来的翘首以盼。正如德国文学中的一个典型例子，托马斯·曼恩的《魂断威尼斯》（*Death in Venice*）（1912年）中，年迈的艺术家阿森巴赫对美少年塔齐奥的深深迷恋。

尽管如此，最伟大的艺术家们和思想家们想方设法，把中年变成自我更新的基础，以此来扭转这种倾向。但丁的形而上学，蒙田的自我塑造，以及莎士比亚的悲剧都用死亡缔造成熟，坚持认为活至半生之人的境遇应当是既哀叹于过去，又对未来充满信心。倘若歌德也是同道中人，那必定是因为他并非浮士德，因为他设法从浮士德的失败中吸取教训。相比浮士德无法放下格雷琴——也因此注定了格雷琴的悲惨命运——歌德开始在他日后的作品中培养出一种"放手（*Entsagung*）"的伦理观。它可以被理解为一种青年时期强烈而无度的欲望的中年对立面。无为成了一种更好的行事方式，自我否定奠定了自我更新的基础。

在我们现在这个急功近利的时代，并非人人都适合这样的道路。我们需要寻找自己前进的方向：对某些人来说是自娱自乐，对另一些人来说意味着精进自我。但我们都必须得朝前看。正是因为总是怀有对更美好的事物的期

VI

永恒的开端：中年空档期

◆ 特技效果：F. W. 茂瑙《浮士德：德国民间故事》（1926年）中，梅菲斯托（埃米尔·强宁斯饰）复活浮士德（格斯塔·埃克曼饰）。

待，生活才被赋予一切可能性。确实，只有你在以任何方式创造，你的生活才能算是能够说得过去。就我而言，我几乎病态地执着于继续前进，对未来的计划"充满期待"，而不愿去回顾已完成的事业。爱德华·赛义德在他的回忆录《乡关何处》（*Out of Place*）（1999年）中说，他发现自己无法对过去的成就产生满足感，[①]对我来说也是同样的感受；我对于自己所取得的任何成就总是持保留态度。好心的朋友劝我试着去享受那些我已经取得的成功，但他们没有说到点上。我并非觉得自己过去的作品不好，只不过是我不再对它们感兴趣罢了。漫长的起步要付出代价：每一本新书都是从零开始。

但也许这是一种健康的看待生活的方式。虽说光阴似箭（浮士德的伟大的教训便是我们不应该试图去阻止它），但我们没有理由不去时不时地改变它的目标。当我们步入中年时，常常会错以为我们或是我们所投身的事业都

---

① 参见爱德华·赛义德《乡关何处》（纽约，2000年），第8页。

已经"尘埃落定"。成熟可能最终会走向死亡，但并不是现在就判死刑。我们随时都可以向着新的目标启程，也许是翻越阿尔卑斯山，又或是开启新的生活。昔日是异乡，未来亦然，而我是那位想要移居异乡的旅者。这种情绪必然会激发出种种富有生产力和创造性的行动。我们需要相信最有意思的事业就是我们当下着手的，因为我们要相信未来即使不比从前更好，也不会不如从前。总而言之，当我们攀登人生的高峰时，视野虽然变窄，也随之宽阔。我们或许已经在半山腰，但也可以说，我们才刚走到半山腰呢。

三

歌德人生之峰的后半程丝毫不比前半程逊色。凭借全新的"古典式"美学，他完成了许多举足轻重的作品，其中包括《亲和力》《西东诗集》（1819年）、《威廉·迈斯特的漫游年代》（1821年）以及最后的《浮士德》。从他意大利之行回程后，各种个人生活以及职业上的事件接踵而至——尤其是这段时间里他与出身低微的克里斯蒂安娜·福尔皮乌斯的婚姻，还有与席勒的友谊。意大利之行的中年危机最终化为魏玛古典主义的伟大复兴。中年时代如今迎来了成熟时期。

歌德此时已经步入神坛，他的成熟更广泛地说也标志着德国文化的成熟。18世纪的德国人嫉妒法国"文明"，视其为自由思想和启蒙运动摇篮，乃至对比之下，一种自卑情结自始至终萦绕在他们的心头。而如今有了歌德这样的精神领袖，德语人士终于也有了享誉世界的文学著作。这位诗人于1808年与拿破仑传奇般的会晤更是彰显了其国际地位（有趣的是，在歌德自己的记述中，这位皇帝称赞他即使年近花甲，依旧"保养得很好"[①]）。即便当时的德国还不能被称为一个国家（也可以说正是因为当时的德国还不能被

[①] 参见萨弗兰斯基《歌德》，第26章。

VI
永恒的开端：中年空档期

称为一个国家），但它现在有了自己的文化。而对这种文化的追求，在19世纪的大部分时间里一直在莱茵河东岸延续。

尽管他被当作了一种准国家的文化的代表，但歌德后半生最引人注目之处是他的兴趣走上了国际化的道路。年过六旬的歌德开始以波斯诗人哈菲兹的风格创作抒情诗歌；到80岁时，他开始推崇作为一种现代化模式的"世界文学（*Weltliteratur*）"。他不再满足于德国文化，甚至不再受缚于整个欧洲本身。歌德生平的例子带给我们的深刻教训就是，不管在什么方面，中年可以，且或许应该是我们加倍努力学习新事物的时候，也是像他写给席勒的信中所说的那样，持续"由外而内又自内而外地"进步的时候。[1]好奇心始终是最富价值的货币。

不过，随着我们的衰老，这种"货币"的汇率起伏不定。意识形态的标准曲线始于年少的进步主义，终于衰老的保守主义，使得中年成为生命阶段中最不确定的部分。我们应该向内钻研自己的文化，还是应该向外追求他人的文化？我们应该在已知的事物上加注，还是应该冒险探寻未知？简言之，我们应当坚守本心，还是寻求改变？歌德也遇到了这个两难境地，不过他选择了一种创造性的、多产的解决方式。一方面，他是所有勇于冒险者的守护神，他一路翻越阿尔卑斯山，重新唤起了自己的创造力；另一方面，有些矛盾的是，他同时也采取了极端保守的方式，在古典主义中寻找他的新审美扎根所需要的"压舱物"。于是，歌德寻求改变，旨在坚守本心。

在他的晚年，这种双向性已经成了他的标志性风格。其最为典型的例子便是他所创的著名的术语"世界文学（*Weltliteratur*）"。在1827年，这位78岁的老人告诉他的秘书约翰·彼得·艾克曼："确切地说，本土文学如今是个毫无意义的词；世界文学的时代即将来临，人人都应当努力加快它的到来。"[2]他对于这个概念的理解看似包容又民主，不优待任何一门语言或是任

---

[1] 萨弗兰斯基《歌德》，第29章。
[2] 约翰·彼得·埃克曼《与歌德的对话》。约翰·奥克森福德译本（伦敦，1930年），第165–166页。

何一个国家。但世界文学是有着特定人格神的泛神论——且对歌德来说,其人格神存在于古代。"当我们重视外来的事物,"他注意到,"我们不应该被一些具体的事物束缚视野,将其视为典范。我们不能赋予中国、塞尔维亚、卡尔德隆或是尼伯龙根这种价值。但是,如果我们真正需要一个典范,我们永远应该回归到古希腊。在那些作品中,人类的美将长存于世。"永恒终究无法摆脱时间,现代世界应当被古代那些早已成文的标准所衡量。世界文学虽说是无阶级的,但也更是古典主义的。

于是,随着他的衰老,歌德变得既更加包容,又更加排外;既更进取,又更倒退。对我们大部分人来说,难道不也是这样吗?我逐步意识到,我自己对世界文学的认识比我自己愿意承认的更接近歌德。我们都有由于自身某些优势所带来的不足,对我而言无疑是不论怎样尝试受其他传统的熏陶,我依然始终把欧洲文化奉为典范。年少时认为,作为"欧洲人"就意味着向往接受最国际化的教育;仅仅20年后,在某些评论圈内这便被认作是一种精英主义,一种退步的想法,是19世纪的糟粕,就像梅毒和坏牙一样。歌德生活的年代正值欧陆文化自信的光明时期,如今的欧洲已经迈入晚年的黄昏。

不用说,许多对"欧洲"文化背后预设的批判完全合理。倘若欧洲并非由它本身包含的东西代表,而是被它所排斥的一切所定义,那是因为欧洲所构建的现代性是建立在奴隶制和剥削之上的,殖民地推动着资本主义的发展。然而不管剥削多么严重,19世纪的欧洲仍自命不凡。回顾这片大陆安稳的中年时期,为的是让我们认识到,它的文化仍能帮助我们度过自己令人不安的中年。说到指明方向,有个关于问路的老笑话这样说:我不会从这儿走。①然而我们不论如何只能从当下出发,正如我们只能通过积累的经验感悟中年。如果说我们都有自身优势所带来的不足,那么我们也怀有自身信念所带来的偏见。

以这种方式反思文化偏好的不断变化,有助于我们认识到中年恰恰也是

---

① 有个爱尔兰的笑话讲的是一位旅人向一位农夫问路。农夫这样回答道:"如果你想去那儿,我不会从这儿走。"——译者注

如出一辙：中年不过是日积月累的偏见。我们可以，也必须要努力克服自己的思维定式，但总得找到一个出发点。不管是对中年还是文化历史，完美的重新构思是不太可能的。对欧洲来说，世界必然被默认为"外界"。对歌德来说，在他的意大利之行中发现、体验到的古典主义始终是此后各种形式审美的黄金标准。对他来说，成熟不仅意味着超越他的本土欧洲文化，更是深入其中（这也是《浮士德》第二部的精髓：同名的主人公通过一种类似虚拟现实的时光机在古典文化的时空里自如穿梭）。古典主义的"中点"之所以成为歌德余生的根基，不只是因为他成熟的风格诞生于中期，更因他成熟的审美立足于中点存在的概念本身。不论接受与否，当我们行至半生时，我们都拥有了一个中点。

这样说来，比起掩耳盗铃，认识到我们对中年的偏见总是更好的。文学融合了理性与感性、论述与抒情，自然鼓励自我意识。自我意识也是自我超越的第一步。当我们步入中年时，我们应当自省，迄今为止，哪些事情对我们而言是想当然的，以及我们应该在后半段人生中怎样走出这些思维定式。我们的人生或许不会像歌德的那样具有代表性，但他的问题对我们来说也同样适用。相比20年前，你的视野发生了怎样的变化？哪些计划还没有完成？随着时间的流逝，你对它们的看法又有了哪些改变？简言之，你自己成熟审美的精髓又是什么？无论我们自己会如何回答这些问题，歌德的生平带给在中年苦苦挣扎的人们一个深刻的教训，那就是这些问题可以有很多答案，但无所作为不是其中一个选项。倘若诞生是最初的开始，步入中年便是一次又一次地重新开始。

VII

现实主义与现实:
"中年岁月"

一

在军队中成长的人会经历非常特殊的童年时代。在这个我们都认为已经不分阶级和信仰的时代，军队仍然是等级森严和充满压迫的堡垒。军官以及他们的妻儿都对自己在等级制度中的地位有着强烈的认知。就像中产阶级的讽刺漫画一样，中层军官们最最渴望的只有一件事，就是向上爬。这种情况下产生的势利感会蔓延渗透到生活的方方面面。我童年时代反复出现的一个场景是，父亲半开玩笑地告诫我有些事，更多的时候说某个人实在是"没有军官样"。如果要求他准确地解释具体指的是什么，他无疑会指出举止、口音和教养方面的问题，尤其是某种程度的机智和矜持。他的姐妹们，也就是我的姑妈们，有着少女的聒噪和花哨的红发，滔滔不绝到令人难以置信。他结婚后，成了一个沉默寡言的农民家庭的一员，这个家庭正是坚强但默默无言的乡下人的缩影。诚然，我父亲对于感情这个概念是绝对支持的，但那是一种非常英国式的情感。我12岁的时候，他就告诉我说我已经不适合拥抱了，从此我们之间的问候方式变成了充满男子气概的握手。任何形式的广而告之和分享都被认为是不当的，就像多年来英国军方对于同性恋士兵所采取的实际政策就是"不问不说"。在这件事上，与其说是同性恋有罪，不如说是谈论同性恋有罪，其他很多事情上也是如此。作为一个军官就不应该去谈论、分享和感受。

成长过程中，我们都把父母当作成人的榜样。有一种说法是我们都希望在自己的生活中复制父母的关系，寻找一个像我们的父亲或母亲一样的伴侣。但同时，父母也是我们如何步入中年的榜样。我们无意识地从父母那里得到关于成熟意味着什么的最初感受。在我们的眼中，祖父母总是垂垂老者，而父母总是已到中年。从父亲那里，我学会了距离感、冷静和自信；而母亲则教会了我爱和自我牺牲，同时赋予了我某种严阵以待的英式风格；后来我由于工作的关系在德国和奥地利之间来回调动，也进一步强化了这种风格。众所周知，身居海外的英国人不会失去英式风格，反而会变得更像英国人，仿佛距离并未冲淡而是浓缩了英国人的民族性格。一个欧洲人，如果生于欧洲大陆①，在英国的传统观念中会被认为是一种不幸的状况，类似于出身贫寒或降生在"错误"的家庭中。诚然这样的人令人钦佩，但人们还是希望最好别发生在自己身上。塞西尔·罗兹（Cecil Rhodes）曾说过一句臭名昭著的话，"出生在英国，就等于中了人生彩票的头奖"。在20世纪末，这种自我印象仍然在英国的军人家庭中流传，彼此心照不宣。

显然，这种态度代表了残存的维多利亚主义。我的童年时代，大的时代背景是帝国主义正在走向衰落，而我所上的寄宿学校，还因为19世纪教育制度的延续而强势宣扬着基督教。但这种态度似乎也是导致我成年后会转向关注文学和文化的原因，也是在我们挣扎着步入中年之时，文学和文化能够对我们有所帮助的原因。我之所以发现了精神生活之乐，部分是因为我的父母没有发现；我之所以喜欢"欧洲"，部分原因是我的父母对它敬而远之。文学和文化，为我们提供了一条道路，让我们可以走出自我限制，走进与我们不同的生活。

然而，这种成为另一个人的可能性，总是和我们与生俱来的自我认同感背道而驰。这种认知上的失调是中年的典型表现。我们变成了自己将要成为的人，但正如俗语所说，我们也在慢慢变成和我们父母一样的人。无论我喜

---

① "欧洲大陆（Continental European）"指欧洲的主体大陆，不包含岛屿，因此将英国、冰岛等岛国排除在外，这种说法在英国较为常见。——译者注

VII
现实主义与现实:"中年岁月"

欢与否,我内心的某个角落总是认为,成熟就是所谓的"军官样";无论我喜欢与否,我内心的一部分总是"维多利亚式"的。这对于我对中年的理解有什么影响?

最重要的一点是,我担心这意味着我永远成长得不足,永远不够严肃,配不上"成熟"这个称谓。维多利亚时代所遗存的价值观仍旧在我的童年和教育中回荡,正如女王本身的形象一样,这是一个严肃清醒的伟大时代。事实上,维多利亚女王的一生大致可以被划分为两个阶段:1861年,女王42岁(此时正在打字的我也是42岁),她挚爱的丈夫阿尔伯

◆ 1859,40岁的阿尔伯特亲王。

特去世;此后她在哀思中寡居40年,直到1901年去世。或许正因为如此,英帝国主义的全盛时期,带着其庄严感和对死亡的感知,将自己定义为中年。

19世纪的中年人,必须表现出高度的道德自律性。正如斯蒂芬·茨威格(Stefan Zweig)在他的自传《昨日的世界》(*The World of Yesterday*)(1942年)中所说的,在20世纪,每个人都想变得年轻;而在19世纪,每个人都想变老。

报纸上推荐了加速胡须生长的制剂,而二十四五岁、刚从学校毕业的医生,也留着浓密的胡须,戴着金边眼镜(即使他们的眼睛并不需要),这样他们就能给自己的第一位患者留下"经验丰富"的印象。①

中年男性是所有人都向往的状态,正如那些像用一个模子印出来的正式照片:满脸胡须,眼神悲悯,板正的衬衫以及比衬衫更板正的男人。对他们而言,童年早已结束,"青春期"的概念尚未出现,成熟是唯一的通用货

---

① 斯蒂芬·茨威格,《昨日的世界:一个欧洲人的回忆》,本杰明·韦布施和赫尔穆特·里普格尔译(伦敦,1943年),第37页。

币。维多利亚时代的人好像一生下来就是中年人。

上述描写当然是一种讽刺,狄更斯笔下的街头顽童可以证明。但是这的确是维多利亚时代的人试图给自己塑造的形象,或者至少是他们认为自己应有的形象:"穿着黑色长礼服大衣的男人们,迈着从容不迫的步伐,并且尽可能让自己的步子稍显厚重,以体现出自己的沉稳。"① 就像我爷爷常说的,拍照时的微笑只会让你看上去很傻。而年轻人特有的愚蠢和无忧无虑,成了这个世纪最大的罪过,因为生活在这个世纪的人拥有着深刻的道德使命感。如果上帝是个英国人,那么他肯定是个成熟的中年英国人。

因此,"中年"一词在19世纪后期首次流行起来,这并非偶然。维多利亚时代赋予了我们的三位一体,大概不是圣父、圣子和圣灵,而是种族偏见、圣诞习俗和中年时期。然而,这三者都以不同的方式象征了"进步",因为它们都是新兴崛起的中产阶级的标志,而"进步"是19世纪至高之神。尤其是对于女性而言,"中年"作为一个公认的人口学类别的出现,表明在更年期之后她们的生命还会继续延续。越来越多的女性在超过育龄期的年龄后,效仿维多利亚女王的方式来维护自己的自由和独立。世纪之交的"新女性"即是新出现的"中年女性";而在大西洋的另一边,"中年"一词出现时,维多利亚女王本人正好进入了中年时期。正如帕特里夏·科恩(Patricia Cohen)所展示的那样,从19世纪60年代开始,女性杂志开始祝贺"年龄在40岁到60岁的女性"(引自1889年的《时尚芭莎》杂志专栏)。同样的,1903年《大都会》(Cosmopolitan)上刊载的一篇文章,将"50多岁的女性"誉为"掌控"生活之人,并特别指出,与19世纪初不同的是,人们不再期望她"赶紧退出游戏"。到了20世纪初,中年已经被女性化、政治化以及货币化。②

然而,在19世纪初,男女的性别角色还完全没有打破桎梏。女性,年轻

---

① 斯蒂芬·茨威格,《昨日的世界:一个欧洲人的回忆》,本杰明·韦布施和赫尔穆特·里普格尔译(伦敦,1943年)。
② 参见帕特里夏·科恩《我们的黄金时代:中年的动人历史和充满希望的未来》(纽约,2012年),第33—34页。

VII
现实主义与现实:"中年岁月"

者保留纯真,年长者拥有严格教养,很少有人能够自由地生活到中年时代。虽然像玛丽·雪莱(Mary Shelley)这样杰出的女性可以在19世纪20年代中期写出"我才26岁,但我已经老去"这样的句子,但考虑到她在知识分子圈中的特殊地位,以及她异于常人的悲惨处境,都很难代表普通女性。①在这个晚期浪漫主义时代,更为普遍的是男性对于财富的焦虑。威廉·哈兹里特(William Hazlitt)的《直言集》(*Liber Amoris*)就是一个例子。这本书于1823年匿名出版,讲述了哈兹里特自己中年危机的故事。这位刚刚离婚的42岁评论家,日益迷恋他在伦敦摄政区的寄宿房东的女儿。令他恼怒的是,这位漂亮的年轻女士引诱他,又在他展开追求时变得躲躲闪闪。最后他惊讶地发现,她一直在玩弄好几个男人,让他们互相争斗。这本书的副标题是《新皮格马利翁》,然而哈兹里特渴望赋予其生命的雕塑却始终毫无反应。

中年男性追求比他们年轻(甚至年轻得多)的女性的故事并不少见,哈兹里特在痛苦的同时认为自己有为自己辩护的权利也并非新鲜事。反倒是19岁的莎拉·沃克(Sarah Walker)能够拒绝他的追求这一点更令人惊讶。在一个两性如此不平等的时代,一位比她大20多岁,受过良好教育的著名绅士对她的关注想必会产生不小的影响。无论如何,这系列作品都重复着一个老生常谈的故事:中上阶层的中年男性,追求中下阶层的年轻女性。哈兹里特的叙述中所流露出的怨恨,是惊讶于这个故事并没有走向通常的结局,反倒是被对方像傻瓜一样愚弄了。在那个时候,中年男人往往想得到什么就能得到什么,就像现在一样。

关于不同性别、阶级和年龄之间的不平等的例子比比皆是。用最具维多利亚时代风格的小说《米德尔马契》(*Middlemarch*)(1871年)里的话来说,19世纪完全是被"一大群中年男人"所主宰的时代。②不过,我们还记得,《米德尔马契》其实是一位女性作家所写的,而那个时代正是女性小说家的

---

① 玛丽·雪莱《玛丽·雪莱日记:1814—1844》。保拉·费尔德曼和戴安娜·斯科特-基尔维特译(牛津,1987年),第Ⅱ卷,第478页。
② 乔治·艾略特《米德尔马契》。罗斯玛丽·阿什顿编(伦敦,1994年),第144页。

鼎盛时期。从简·奥斯丁（Jane Austen）到勃朗特（Brontë）姐妹，从伊丽莎白·盖斯凯尔（Elizabeth Gaskell）到乔治·艾略特（George Eliot），19世纪有如此多重要的女性作家。但更令人吃惊的是，即使是这些非常成功的女性作家，也会多次在作品中将重点放在中年男性的视角上。

这种视角的逻辑几乎可以说是形成了强有力的三段论：中年是默认的权力掌控者；男人比女人更强大；因此，只有男性才能成为中年人。在19世纪所有文学作品中，对这一逻辑最为深入的探索，可能当数《米德尔马契》中多萝西娅和卡苏朋之间的关系。弗吉尼亚·伍尔夫（Virginia Woolf）曾有一句著名的评论，称《米德尔马契》是"为数不多的写给成年人看的英语小说"。在故事的一开篇，读者就被引入年轻的多萝西娅对（她认为的）成熟知识分子的憧憬之中。她对中年学者卡苏朋（已过了45岁，比多萝西娅大至少27岁）的兴趣，展现了年轻女性对成熟男性的向往。她告诉自己，嫁给他"就像嫁给帕斯卡一样"。① 这种自卑情结并非对我们的警示，仅仅是一种介绍，让我们充分了解了她的心灵状态。年轻的多萝西娅渴望进入"男性的知识领域"。②

但这最终被证明是不可能的，除了多萝西娅之外，其他人并不会对此感到惊讶。而卡苏朋仍然是一个遥不可及、自私自利的道学家。艾略特本人似乎厌倦了这个干巴巴的牧师，她似乎希望自己的女主人公能够遇到更好的人，而不是和一具行尸走肉结合。要如何摆脱这个卑鄙的牧师呢？她直接埋葬了他：艾略特通过将他的中年时期快进到老年而杀死了卡苏朋。然而，坟墓中的他仍能继续掌控事态，他通过遗嘱的附录禁止了多萝西娅再嫁给年轻鲜活的自由派拉迪斯拉夫（Ladislaw），也由此产生了驱动小说剩余部分的叙事张力。就算他已经死了，也还是中年男人说了算。

然而，如果艾略特只是从旁观者角度给我们以对卡苏朋的外在看法，那她就不会成为有如此成就的小说家。19世纪中期众多伟大的现实主义小说中具有标志性特色的"自由间接引语"正处在黄金时代，艾略特无疑是这种写

---

① 乔治·艾略特《米德尔马契》。罗斯玛丽·阿什顿编（伦敦，1994年），第40、第29页。
② 出处同上，第64页。

作手法的女王。她首先引导读者以多萝西娅的角度看待事物，而后调整了视角，让我们进入了卡苏朋的意识。她旗帜鲜明地反思了我们对于青春的惯性迷恋，她认为，在两人的婚姻中，并非只有多萝西娅的观点值得一谈，她反对"把我们的全部兴趣，我们为理解现实而做的全部努力，集中在那些即使难免烦恼，仍显得容光焕发的年轻人身上；因为这些人也是会老去的，他们也会尝到衰老和绝望的痛楚，而我们却在促使人们忽视这一切"。[1]无论是在此书中或其他地方，艾略特主张采用一视同仁的叙事形式，不分性别和年龄。

就我们的目的而言，这种技巧的有用之处在于，它可以帮助艾略特在不带偏见的前提下进行判断，通过人物自身的意识来对他们进行审视。她给了卡苏朋足够的希望吊着他，让他"内心和我们大家一样饥渴"，但又迫使他反思上天是如何给了他一位"他需要的妻子，（因为）这名谦逊的少女，有着女性的纯真，毫无野心，必然会将丈夫的意志放在第一位。"[2]艾略特甚至通过卡苏朋的愿望来描述了他决定结婚时的心路历程，他想要"留下自己的后代，对于男人而言这是必不可少的，并为16世纪的十四行诗作者留下题材。"[3]至少对于卡苏朋而言，莎士比亚所言"生个儿子"的必要性（我们在第5章中讨论过）在19世纪仍然盛行。艾略特没有满足他这个愿望，这本身就说明了某些问题。

在这一点上，显然多萝西娅并非适合卡苏朋妻子这一角色的人。她绝对不是一个顺从的崇拜者——那个卡苏朋希望能够"装点他余下四分之一人生旅程"[4]的人。艾略特塑造卡苏朋这个角色，是为了谴责他，并通过他谴责整个中年男性知识分子阶层，他们着迷似地渴望写下自己的"世界神话索引大全"[5]。他是一个警示性的人物，这是一个为中年男性编写的恐怖故事，他

---

[1] 乔治·艾略特《米德尔马契》。罗斯玛丽·阿什顿编（伦敦，1994年），第278页。译者参考人民文学出版社《米德尔马契》2018年项星耀译本。
[2] 出处同上，第279页。译者参考人民文学出版社《米德尔马契》2018年项星耀译本。
[3] 出处同上，第278页。
[4] 出处同上，第94页。
[5] 在书中，卡苏朋作为一名牧师，致力于编纂《世界神话索引大全》一书。——译者注

们被自我诱惑，包养比自己年轻得多的情妇，同时潜心钻研一些徒劳无益的虚荣事务。若无自知之明，我们所有人都有可能陷入如此境地。我庆幸自己是在成年后才读了《米德尔马契》这本书，因为如果十几岁时读它，我不确定自己是否能够看得如此清楚。我也不确定自己是否能够如艾略特的最后一本小说《丹尼尔的半生缘》中，丹尼尔·德隆达（Daniel Deronda）对格温德伦·哈莱斯（Gwendoline Harleth）所说的那样——"享受自己的平庸"。①运气和本能共同使然，我们在需要的时候，总能找到自己所需要的那本书，无论这本书最初是在何时何地被写下。在这个角度，阅读带来的慰藉是永恒的、不受时间限制的。如果16世纪的书能够给19世纪的人以指导，那么19世纪的书同样可以帮助20世纪的人。

《米德尔马契》是维多利亚时代关于中年的最重要的小说，部分原因是它高度的复杂性。艾略特错综复杂的叙事网络和冗长精致的行文，正反映了中年生活的艰难，在平和稳定的表面之下，掩盖了无数微小的震动和泡沫。从多个角度而言，19世纪中期的畅销小说都是传达中年时代渐进式的衰老过程的完美媒介。19世纪对于现实主义的狂热追求，正是源于人们在镜子中看到自己的脸时，对于成熟感到的愤懑。或许这也是为什么通奸成为这个时期作品中反复出现的主题。从艾米莉·勃朗特（Emily Brontë）的《呼啸山庄》（*Wuthering Heights*）（1847年）到古斯塔夫·福楼拜（Gustave Flaubert）的《包法利夫人》（*Beauary Bovary*）（1857年），从列夫·托尔斯泰的《安娜·卡列尼娜》（*Anna Karenina*）（1878年）到特奥多尔·冯塔纳（Theodor Fontane）的《艾菲·布里斯特》（*Effi Briest*）（1895年），无聊的女主人公们宣告着她们对人生的无能为力。19世纪，明显女性化的中年观念以这种方式开始出现，伴随着超脱资产阶级婚姻束缚的自我主张。从这个角度来说，通奸就是中年危机在女性身上的体现。

除了这一时期流行的著名小说作品以外，还有一些相对小众的诗歌和中

---

① 乔治·艾略特《丹尼尔的半生缘》，芭芭拉·哈代编（伦敦，1967年），第491页。

篇小说探索了19世纪后期作为中年人的感受。例如，托马斯·哈代（Thomas Hardy）在1898年创作的《威塞克斯诗集》（*Wessex Poems*）中，有一篇简短的诗歌题为《中年激情》。但要说的话，这首诗更多描绘的是中年，而不是激情。本诗的四个小节，都以悲叹逝去的时间无可逆转作为结束。这首诗巧妙地捕捉到了存在与消失，激情与无常的结合，生动地呈现了诗人对于中年生活的感受：

"这个地方如此美好，"我们说道，
"这些心照不宣的故事如此珍贵，
当呼吸加速，我们的思想在此处碰撞、融合！"……
"文字！"我们若有所思。"一旦穿过了凡世之门，
我们的思想将再也无法触及这个角落。"①

尤其是结尾处的对句，概括了哈代受到死亡之困扰的感觉：这个地方或许是"美好的"，但时间的流逝是令人痛苦的。诗的最后以一个否定句结尾，并且再次回到了但丁和蒙田所使用的入口的形象——正是以小调谱写的中年旋律。

要说中年心态，或许这一时期最有代表性的文字当数亨利·詹姆斯（Henry James）的短篇小说《中年时代》（*The Middle Years*）。这部小说写于1893年，也就是詹姆斯50岁那一年，讲述了一位52岁的作家丹科姆（Dencombe）为了让脆弱的身体保持健康隐居到英国南部海岸的一家旅店，而后发生的一段有些戏剧性的轻松故事。在那里，他遇到了一位年轻的医生，休（Hugh），后来他发现休是他作品的狂热崇拜者。一位伯爵夫人原本打算给休留下一笔财富，但因为沉迷于丹科姆的作品，休甚至忽略了垂死的伯爵夫人，因此最终没能得到她承诺的遗产。如果只看这个简化版的故事梗

---

① 托马斯·哈代《中年激情》，载于《威塞克斯诗集》（伦敦，1912年），第80页。

概，很难说它相比维多利亚时代上千部小说的情节有何高明之处。

但是，詹姆斯绝不是一个兜售垃圾的人。在他的作品中，能让读者始终保持兴趣的是其中包含的意识品质。这部小说里，他巧妙地探索了这位上了年纪的作家的焦虑心情。他对故事里这位中年男性艺术家的描绘显然也反映了他自己对于年龄的焦虑，但也为我们所有人提出了一个普遍的问题，当自我意识的平衡点逐步向过去转移时，我们应当如何自处？詹姆斯最有名的几部小说使得他常常被视为过分文雅的典型代表，他笔下的句子在追寻思维过程玄妙之处的过程中又强势地绕回句子本身，呈现出精巧的平衡性。这可能会使得他的风格显得过于成熟，通常在作家生涯晚期才会呈现这种风格，因为它几乎不会对读者注意力的持续时间做出让步。然而，在《中年生活》里，我们可以清楚地看到，为了达到这个完美的后期阶段，艺术家必须经历一个充满怀疑和不确定的中期阶段。稍作修改的话，这样的阶段显然也适用于我们所有人。

詹姆斯从这个阶段中恢复始于"变得更好"的想法，但是比什么更好呢？在四月的一个晴朗的早晨，他在海边的清新空气中漫步，觉得自己感觉好些了，但是他"不会再像过去某一两个伟大的时刻一样，感觉自己超越了自我"。[①]因此，他的中年危机是自我超越的危机，或者说突然意识到自己不再具有超越自我的可能性而产生的危机。他仍然在继续前进，但是从更全面的意义上来讲，他并没有在变得更好。用埃利奥特·雅克的话来说，他不仅到达了山顶，现在已经翻过山顶开始向下走了。对于丹科姆而言，这种认识首先与他的作品有关，当然对于詹姆斯来说也是如此。我们可以了解到的是，在这之后不久，他的新书《中年生活》就问世了。因此这本书是一本处于中年危机中的作者所写的关于中年危机的作品。

丹科姆的危机感首先在于他对自身局限性的不满。折磨他的并非他没有尽自己所能，而是意识到他已经竭尽全力，却仍然不够。直到当下，他才感

[①] 亨利·詹姆斯《中年时代》，载于《亨利·詹姆斯故事集》，克里斯托夫·韦格林和亨利·沃纳姆编（纽约，2003年），第211–228页，此处引自第211页。

觉到自己已经累积了足够的经验来创作真正的艺术,然而年届52岁的他担心为时已晚。他不禁哀叹,一个人的一生实在是太过短暂,"要充分利用获得的材料,要产出成果,除非你的生命能够延长,重活一世"。①作家的危机感不仅是由于中年的突然到来,更是因为他发现中年已经过去很久而产生的恐惧。詹姆斯本人的中年危机可能是更标准的形式,而丹科姆的稍有些变化。和我们大多数人不同,他其实想要活在中年。

当然,具有讽刺意味的是,詹姆斯的恐惧其实不过是杞人忧天。他的确又经历了第二个高产的时期,并最终成就了所有文学晚期风格中最为著名的一种。仅以三部最有名的小说为例,《大使》《鸽翼》和《金碗》,都是在1902年至1904年创作的,当时詹姆斯已年近花甲。对比作者詹姆斯和他笔下的角色丹科姆,我们可以发现在中年的尽头也会有新的曙光——在四十多岁时可能会感觉生活之路在缩窄,但是在五十多接近六十岁时,又会觉得生活重新拓宽了。在詹姆斯的身上,恰恰就在人生相应的时间点发生了相应的情况,证实了上述数据的准确性。幸福感的U形曲线进入了后半段的攀升,看来能够疏通这个U形管道的最佳管道工并非精神分析,而是人生经验。

而詹姆斯的故事还揭示了一个事实,那就是中年不仅仅可以是U形的,也可以是因人而异的任何形状。尽管中年是任何阶级、性别和世代都会遇到的困扰,但中年如何度过取决于你自己。我们对于进入中年时代,或者度过了中年时代的焦虑,既是普遍存在,又是各不相同的。这就是文学的作用。通过感受和虚构,通过想象的共情,我们可以接受别人对于衰老的看法,同时我们每个人也必然有自己的看法。在詹姆斯之后十年,赖内·马利亚·里尔克(Rainer Maria Rilke)写道,恳求上帝赐予我们"自己的死亡"——但我们也必须成就自己的中年时代。②对于詹姆斯而言,他的中年恰如其分,正是一个作家应有的中年。

---

① 亨利·詹姆斯《中年时代》,载于《亨利·詹姆斯故事集》,克里斯托夫·韦格林和亨利·沃纳姆编(纽约,2003年),第214页。
② 参见赖内·马利亚·里尔克《时间之书》,苏珊·兰森译(纽约州罗切斯特,2008年),第163页。

此外，在詹姆斯的故事中，讲述的不仅是丹科姆的中年，也是休医生的中年。医生的名字暗示了他其实代表了年轻时候的丹科姆，"休"的发音和"你（you）"非常相似。所以他既是问题也是答案：咚咚咚；是谁呀？哪个医生？你就是医生。这种自我投射之所以成立，不仅因为休的年龄刚好是这位患病作家的一半，更重要的是，他是丹科姆的读者。当丹科姆第一次看到休医生和他的患者伯爵夫人时，他脑海中上演了一出小型情景剧。或许伯爵夫人身边年轻的女伴希望能够赢得医生的喜爱，以便获得他将要得到的那些遗产。但他也看到了医生的腿上放着一本书，后来他发现那是他自己的作品《中年时代》的预印本。因此，对这位作家而言，年轻的休正在读着年长的他。

丹科姆描述休医生所看的书的封面是"诱人的红色（red）"，进一步加深了这场戏中戏的复杂性。因为这种形容显然可以被理解为诱人阅读（read）。这位医生简直就是丹科姆的理想读者，他为了精神财富而拒绝了真正的财富，这极大地满足了丹科姆摇摇欲坠的自尊心。当医生告诉他，他的新书是他迄今为止最棒的作品时，丹科姆无比欣慰——因为"迄今为止（yet）"这个小小的词开启了一条"通往未来的康庄大道"，而之前丹科姆感觉这条道路正在他眼前逐渐消失。①但这场邂逅本身存在着不可思议的对称性。基本上，我们可以把医生当成丹科姆本人，不过是重生版本的丹科姆。然而在传统上，遇见另一个自己通常预示着死亡。不过这就是这个故事的逻辑："当我们老了，我们才会开始告诉自己，我还没老。"②

正如詹姆斯的作品中经常出现的写作手法，文学的悲怆性往往存在于过去式的条件句中，存在于我们本可以做但没有做的事情里。然而与他后期的作品不同的是，詹姆斯在中年时期的感受并非他已经老了，而是他从未年轻过。丹科姆想着他本可以做却没做的事情而感到绝望，但是休医生温和地纠正他："那些人们认为自己'本可以做'的事情，实际上大部分他们都已经

---

① 亨利·詹姆斯《中年时代》，第216页。
② 出处同上，第221页。

VII
现实主义与现实："中年岁月"

做了。"①我们总是被那些与事实相反的假设所困扰，尤其是困扰于已经过去的事情，可能会更加痛苦——为什么当时我会这么做，而没有那么做？然而，这种"事后诸葛亮"只会给人带来痛苦，因为我们始终活在陈述句中。虚拟语气和条件句只能构成虚幻的世界，在现实世界中毫无价值。用《米德尔马契》中聪明的玛丽·加斯（Mary Garth）的话来说："可能（might）、也许（could）、或许（would）——它们都是可鄙的助词。"②

人到中年，就必须要意识到这一点。我们可能会觉得人生的出口正在关闭、可选的道路正在消失，但是如果没有选择那些道路或出口，很可能是因为它们从一开始就不适合我们。卡夫卡的寓言故事《在法的门前》深刻地描绘了这一点：一个乡下来的人，在法的门前等待了一辈子，临死之前他才知道，这扇门是专门为他而设的。③我们最好能够在中年时期意识到这一点，那时我们还有时间去接受它，接受自己的选择。至少这是詹姆斯《中年时代》一书中得出的结论："人生能够重来只是一种错觉，人生只有一次。我们在黑暗中辛勤工作，竭尽所能，奉献一切。"④摒弃这种错觉，拒绝它的暗示，这是中年时期要面临的巨大心理挑战。简而言之，文学的现实主义就是中年的现实主义。

二

换一种描述方式的话，也可以说中年会让我们进一步承受现实的"暴政"。年轻人总是存在浪漫的幻想，觉得我们会和父母不同，我们将改变世界，不会屈服于事业和野心的诱惑，但这种幻想最终会让位于成熟的现实政

---

① 亨利·詹姆斯《中年时代》，第226页。
② 艾略特《米德尔马契》，第138页。
③ 参见弗朗茨·卡夫卡《在法的门前》，载于《饥饿艺术家及其他故事》，乔伊斯·克里克译（牛津，2012年），第20–22页。
④ 亨利·詹姆斯《中年时代》，第227页。

治。我们会渐渐地适应成人生活的一团乱麻，通过一次次小的妥协，最终逐渐与现实达成和解。首先要抛弃的是那些根本不可能实现的春秋大梦：当总统，当首相，当国家足球队的中锋。要和这类雄心壮志说再见是很容易的，因为其实我们并未真正地去追求过。更难放弃的是那些存在一定可能性的（possible possibilities，改编自拉姆斯菲尔德的名言"known unknowns"即"已知的未知"）个人或职业目标，我们知道它们是有可能实现的，因此坚持追求：获得那份理想的工作，出版那本写了一半的小说。与完全未曾实现的目标相比，实现了一半的目标更诱人，因为它更有希望。

　　做出这样的妥协需要我们对自我印象进行调整。如果说这种调整正是中年的本质，那么它还指出了定义中年这一概念的结构上的困难。首先，衰老是一个循序渐进的过程，因此我们很难精确地找到步入"中年"的确切时间点。正如哲学中的沙堆悖论（sorites paradox），一粒一粒的沙子累积起来，在什么时候才会变成沙堆？这一悖论同样适用于我们累积度过的岁月。我们每天都能看到自己，因此不会注意到自己面容的变化。只有当我们突然看到了自己年轻时的照片，才会震惊地承认时间的流逝，就像蒙田看着自己各个时期的肖像画一样。尽管如此，随着年龄的增长，我们的身体确实在发生变化，并且这些变化有助于我们了解自己的年龄。

　　心理的变化过程则要复杂得多。随着年龄的增长，我们会改变自己的方向吗？或者我们只是简单地沿着既定的轨道一路走下去？是改变，还是继续？按照这个问题的答案，或许可以分为两种基本的性格类别：那些不断调整方向进步的人（这些人或许会随着年龄增长、容颜渐老而变得柔和，或者相反变得更加激进）和在自己的道路上越来越坚定的人（要么达到自我追寻的巅峰，要么始终重复着过去年轻时的自己）。我们可以属于这两个阵营中的任何一个，具体取决于我们的想法和环境。毫无疑问，我们不是评判自己的最佳人选。就我自己而言，我可能会觉得自己变得成熟了，不再那么快地去评判他人，因为我意识到大多数人其实都在尽力去做自己力所能及的事情（就像詹姆斯所说的那样）。但这或许也只是另一种形式的自欺欺人。

VII
现实主义与现实:"中年岁月"

因为这就是成熟的真谛:成熟就是我们对自己讲述的故事。我们通过故事塑造了自我形象,我们既是故事本身,也是故事的讲述者,同时还是故事的读者。从文体的角度来说,这些故事最重要的特征,就是我们可以开门见山地找到自己。我们从一个隔岸观火的旁观者,变为身处故事之中的亲历者。直到35岁左右时,我一直认为权力和知识的源泉在别处,人生的意义和成就总是在未来才能实现;但是当我真正进入了生命的黄金时代,尤其是当你意识到自己处于自己的黄金时代,就意味着你意识到了其实当下的自己正是源泉之所在。这不可避免地会改变我们对中年的看法。

因为人性总会赋予未知事物以神秘感和魅力。只要没有相反的证据,我们总是倾向于假设在成长过程中——例如在学校、工作中和政府中——遇到的那些比我们更有权威的人,他们一定是拥有一些秘密的知识储备,使得他们能够自信满满地做出决定。当然,从某种程度上来说,他们的自信其实是经验使然。然而,当我们自己逐渐积累了经验时,才会意识到,其实并没有所谓预先的知识储备,也没有外部的参照帮助我们来指导我们的生活。当我们成熟的时候,会意识到尼采是对的:上帝已经死去,我们必须代替他做出决定。人到中年,就是从权利的帷幕后,看着每个人在前进的道路上伪装自己。

我经常在开会的时候思考这个悖论。10年或者15年前,在我对这种事情还没有真正的发言权的时候,我想,参与决策过程,成为能够对当下的事件做出决定的决策者,一定是被上天赋权之人。而现在,我越来越像一个决策者,我意识到自己总是盯着窗外灰蒙蒙的天空,想着会议到底什么时候才会结束,不耐烦地等待着我最喜欢的缩写词:AOB①。与此同时,我也比以往的任何时候都更加不确定自己是否有权利坐在那里评判他人,无论是同事还是学生。当委员会的其他成员转脸看我,期待我给出意见的时候,我听到自己赶紧努力唤起自己那点权威。这提醒了我生活中有多少事情本质上不过是一场自信的把戏。

---

① AOB是"其他事项(any other business)"的缩写,通常出现在会议日程的最后一项。——译者注

这种自信正如19世纪那个超级大国。大不列颠是海上的统治者，这意味着中年男性实际上是海上的统治者。例如，英国作家约瑟夫·康拉德（Joseph Conrad）中年时是一艘船的船长，这并非巧合。在他1916年出版的小说《阴影线》(the Shadow-Line) 中，他回顾了自己在19世纪80年代第一次发出命令时的场景——"命令"这个带有魔力的词，象征着他从年轻走向了成熟。① 在19世纪晚期占据主导地位的辉格史观②中，时间本身具有包容世界的成熟性。正如斯蒂芬·科里尼（Stefan Collini）所言，"维多利亚时代的辉格派历史学家可以满怀信心地书写自由前进的故事，因为他们基本上都对自己的现状很满意。"③ 从我们21世纪的角度来看，很容易对这种维多利亚时代特有的自信感嗤之以鼻。委婉地说，在文明使命的掩护下窃取他人的国家，在现在的我们看来并非一个可以接受的维护自我尊严的动机。然而，尽管这种殖民者的自信被用在了错误的地方，它仍然赋予了人们巨大的力量。如果将后世者的优越感放在一边，我们能够从19世纪的中年观念中学到很多东西，尤其是，中年不应成为羞耻或尴尬的源头。在我们这个极度不成熟的时代，多一点成熟没什么不好。

19世纪的文学往往将这种成熟感视为一种缺陷，不仅因为我们可以从中找到许多代表人物来展示中年的自信或焦虑，还因为现实主义文学的本质就是对现实满怀信心。这一流派反映了孕育它的文化的特征，当时的欧洲将自己视为世界的中心。帝国时代文化中关于世界中心和边缘的隐喻，暗示了维多利亚人毫无疑问地自认为自己的生活方式是正统。对其他文化的发现只是进一步强化了这种优越感，他们了解到的越多，似乎就越发自信。

对于那些在自己的人生途中迷失道路的人而言，一剂维多利亚式的自信神药可以创造奇迹。然而，这需要非常谨慎，太过贪婪，会使这种自信背后

---

① 约瑟夫·康拉德《阴影线》，杰里米·霍桑编（牛津，2003年），第23页。
② 英国史学流派。辉格党是英国历史上的一个政党，主要在17世纪至19世纪，后演变为英国自由党。相应的史学流派称为辉格史学，其核心思想为从现状出发，以现在评判历史的变化进程。——译者注
③ 斯蒂芬·科里尼《怀旧的想象：英国批评史》（牛津，2019年），第4页。

的恶意变得压倒一切。在这方面,美学和伦理学之间存在显著的区别,尽管二者有着很强的联系。对于文学而言,即使它存在的道德背景已经过时,文学本身仍然能在当代存活。从本体论的角度来说,这正是我们从小说中学到的东西和从历史中学到的东西的区别所在。现实主义描绘现实、反映现实,但是它不能反过来定义现实。艺术并不会产生经验,也无法证明经验是正确的(虽然这么说有些冒犯尼采),它只是经验的产物。但艺术同样可以帮助塑造经验。因为我们读过《包法利夫人》,所以可能对通奸有不同的认识;我们害怕变成卡苏朋,所以可能设想一个与他不同的中年时代。在人生道路上,文学可以告诉我们走哪条路、别走哪条路。

文学是如何做到这一点的?可能最主要的方式是通过变换我们的身份视角。说服读者认同小说中的人物,可以说是让一部小说成功的秘诀,对于维多利亚时代典型的现实主义叙事作品而言尤其如此。叙事小说的诸多优点之一就是它在心理学上的柔韧性。现实主义小说通过其独特的自由间接引语的使用,邀请读者进入主人公的视角,激发读者的同理心和情感想象。但关键的是,因为它并非直接论述,因此还可以包括主人公意识以外的视角。这种技巧至关重要,因为随着年龄的增长,我们不仅可以与单个角色共情,还可以同时与多个角色共情。人到中年,我们不再只有单一的身份。或者更重要的是,我们现在意识到了自己拥有多重身份。拿我自己的几个身份举例,我是某人的儿子、某人的兄弟、某人的学生、某人的爱人、某人的老师,也是一位批评家、一位丈夫和一位父亲。我在不同的国家,不同语种的人群里生活过;我所进行的诸多冒险,有些成功了,有些失败了。这一系列的经历让我能够摆脱对于年轻的狂热,在不同程度上接受所有这些角色,甚至更多的角色。成熟与其说是让你找到自己,不如说是让你认同自己不同的身份和角色。到了中年,我们都变得复杂。

叙事文学非常适合探索这种不断变化的身份。詹姆斯通过将自己分为年长的丹科姆和年轻的休,来反映中年时期身份的割裂,他对于这种割裂背后的心理最精辟的描述,则出现在另一部作品里。在这个以《一个50岁男人的日记》(*The Diary of a Man of Fifty*)为题目的故事中,他写道:"这一切都让我想起别的东西,同时又让我想起它本身;我的想象力绕了一个大圈,最后又回到了起点。"①所有人到了这个年纪,都会产生这种认识论。他们不会再产生新的体验,只是现有的体验会不断更新,熟悉的事情在重复中出现一些变化。每一次邂逅,每一个想法,都是在过去的阴影下产生,被过去的重复所影响,阻碍了直接的体验。后来结识的人总会让我们回忆起之前认识的人,或许这也是我们随着年龄的增长越来越难交到新朋友的原因。共同的经历会变得越来越重要。中年生活就像柏拉图的洞穴:当我们逐渐老去,我们所看到的,更多的是自己的过去在现在的投射。

当然,文学的使命就是再现,这也是最初柏拉图会对文学产生怀疑的原因。从某些角度来说,他的怀疑其实是正确的。文学或许能够为人类自身处境提供重要的见解,但是它也会围绕自身形成一个回音壁,尤其是在那些受过过度教育的批评家和学者那里。文学既是真理,也是陷阱。我们读得越多,学得就越多,但我们也会更容易在看到某些事物时不由自主地想起与它类似的东西。中年人想象力的"伟大循环"有可能变成一个闭环,无休止地将某个文本段落与其他的比较,无休止地推迟真正的新意出现。"我们不断使用'像'什么、'好似'什么、'就如'什么的比喻,但隐藏在事物表象之下的到底是什么呢?"弗吉尼亚·伍尔夫对意识"海浪"的描述,其实是对中年人某种倾向的警告——中年人在经历任何新的体验时,总是试图把它套到过去某次相似的经历中。②我们既要向后看,也要向前看。

19世纪出现的现实主义,可能为实现"向前看"这一目标提供了一个最为灵活的模式。不仅是小说、电视连续剧等这些直接由它衍生出来的艺术形式,包括我们的生活方式也是如此。如果没有现实主义的叙事模式,很难想象我们如何创造自己的"故事",向自己(以及他人)传达我们自己的抱负

---

① 亨利·詹姆斯《一个50岁男人的日记》,载于《故事全集第Ⅱ卷:1874—1884》(纽约,1999年),第453—484页,此处引自第454页。
② 弗吉尼亚·伍尔夫《海浪》,凯特·弗林特编(伦敦,1992年),第123页。

或成就。我们是自己幻想中的英雄，我们的自我形象即便不是完全现实的，也是充满现实主义的。正如海登·怀特（Hayden White）在他的经典研究《元史学》（*Metahistory*）（1973年）中所指出的，我们理解历史的方式，以及我们自己的故事，都传承自19世纪的叙事作品。我们一直在持续不断地斗争，以强化我们对于过去和未来发展的真实感。[①]中年的我们，专注于自己的自传，既是生活的作者，也是读者。回顾目前为止我们所经历的事情，设想一个合理的自我实现的场景，然后不断前进，努力去实现。无论是在经济上或职业上、文化上或艺术上都是如此。处在人生道路的中间，就是处在生活故事的中段。对衰老本质的理解需要"现实主义"。

使用这些术语，将中年视为一种叙事结构会呈现出什么，正反映了中年在多大程度上支撑着我们当代世界的存在。现代性本身就是一个具有中年特质的概念，至少在西方典型文化中是如此。19世纪帝国的自信心继续在所有手握掌控权的中年男女身上体现出来。然而，同样重要的是讲述自己人生故事上的自信，即随着年龄的增长，我们可以持续控制自己的生活。现实主义者以及现实主义的叙事方式会给我们一种可控感，一种能够掌握生活中任何棘手事情的感觉，尽管这种感觉是虚幻的。随着年龄的增长，我们越来越需要这样来解读生活，因为生活不像文学作品，它永远不会呈现为已完成的形态。叙事文学总是有开头、中段和结尾，而生活永远在体验的过程中。我们生活在真实的时间里，而时间总在不断流逝。无论是好是坏，中年是这一悖论的核心：在生活中的某一时刻，我们手中拥有的权力达到顶峰，同时我们会开始担心权力的流失。或许这就是我父亲所说的要"像个军官"，其实就是，成为一个中年人。

[①] 参见海登·怀特《元史学：十九世纪欧洲的历史想象》（马里兰州巴尔的摩，1973年）。

VIII

漫步在其中的岁月：
中年的转变

一

我第一次知道电台司令（Radiohead）是在20世纪90年代初，当时他们只是一个发型糟糕、眼神忧郁的牛津乐队。他们在嘎吱作响的吉他声中上蹿下跳，与那些在考利路瞎逛的学生群中张牙舞爪的乐队相比，他们也没什么特别之处，都是一群急于表达自我的年轻人。好吧，或许在我心里还是有些不同的。他们早期的热门作品《懦夫》（Creep）已经显示出了与叛逆青年对话的意图，将痛苦作为对20世纪晚期文化的有效情感回应。汤姆·约克那高亢、哀痛的嗓音总是如此与众不同。不过他们早年的音乐作品就普通多了，就像他们的发型，或者吉他套上胡乱点缀的、被洗得发白的抒情诗。

他们的第二张唱片，具有突破意义的专辑《潜水病》（*The Bends*）（1995年），更淋漓尽致地展现了这种痛苦的真诚。所有的疑问和哀叹，所有的压力和不安，它奇迹般地捕捉到了数百万听众在刚刚成年时的晕头转向。它所叙述的故事、诉说的情感是直接而纯粹的，这在电台司令漫长的音乐生涯中也是独一无二的。我们所有人，似乎都太快地步入了成年时期。

然而，直到《OK电脑》（*OK Computer*）（1997年）发表，电台司令才算真正进入了成年期。随着他们的第三张，也是划时代的一张专辑发行，他们诉说着进入新千禧年的焦虑，吟唱着世纪之交的忧郁，这种忧郁似乎影响了整整一代人。在他们的同龄人追求大城市和白领生活时，电台司令大获成功，那些追随他们的人也是如此，与雄心勃勃的雅皮士和不顾一切奔赴伦敦的"古驰小猪"之间划开了距离。对于一个来自牛津的男孩来说，显然可以发现，文化业，包括音乐、文学和艺术，也可以成为职业生涯的一种选择。其秘诀就是要足够认真。

　　站在中年时代这个安全距离回顾和记叙，很难准确地再现一个人——或者至少是我自己——在20多岁时有多笨拙。生活中有许多令人烦恼又无关紧要的事情：衣服、俱乐部、生活方式的选择，以及许多中产阶级的细微优越感带来的自我陶醉。还有音乐，最重要的就是音乐。人们将音乐当作身份的延伸。就我而言，这就像自作主张地将音乐当作判断一个人真实性的仲裁者。对于一个青少年来说，在喜欢的乐队方面拥有"正确"的品味比任何其他事情都更重要。要想让人信服，一个乐队必须言出必行，这意味着它必须始终发出正直的、反俗世文化的声音，而不能出卖自己的信念。无论是当时还是现在，高度模式化的虚无主义是年轻人的特权。

　　这使得电台司令取得了令人惊讶的成功，与同时代大多数的严肃乐队不同，他们持续地创作出富有挑战性同时又在商业上十分成功的音乐作品。像他们这样，在全世界范围内销量与口碑双丰收的情况是非常罕见的。听众们喜欢的东西通常是相似的，但是进入中年的电台司令却始终保持着初始的创造力，无论作为艺术家还是活动家，不断更新着自己的作品。流行的发型变了，但人们渴望尝试新事物的心始终存在，我们都是如此不是吗？

　　当20岁的我看着40岁的自己，一个已婚、负债累累的中年人，或许会充满失望，也可能不会；但40岁的我回望20岁的自己，肯定会感到尴尬。但"尝试"本身的含义也是会发生变化的，20岁时认为前卫的东西，40岁时不太可能还这么觉得；如果还这么觉得，那你可能太勉强自己了。就像是一个老年人穿着皮夹克和匡威鞋，试图证明自己本质上还是纯真的青少年。"酷"是青春期的高值货币，但它受到时间的影响：当你年龄越大，它的价值就越低，这是因为成熟的成年期我们不再需要热衷于此。孩子们，无论如何千万注意这一点。但是，成熟也是一个关于自律性和专注度的问题，这对于一个成功的成年人而言是不可或缺的品质，而我在年轻的时候完全不具有这些品质。事实上，缺乏这些品质可能正是我青春年岁的标志：寻找位于青春期尽头的，帮助我成为一名作家的这两个特征。也就是说，从幼稚到成熟的蜕变，是一个道德上的变化过程，同时也是一个智慧上的变化过程，这些变化凝集在了所有我带去留尼汪岛的重要作品中。虽然说起来有些奇怪，但触发这种转变的导火索，是电台司令《OK电脑》这张专辑里的主打单曲《偏执狂机器人》(*Paranoid Android*)。

《偏执狂机器人》无疑是过去30年中最伟大的单曲之一。它史诗般横扫一切的气势，高贵宏伟的风格，从温柔脆弱转为残酷的、撕裂般的愤怒的旋律，让你每次听到的时候都无比震撼。它的时长达到6分钟多一点，与一般的摇滚乐相比显得太长了，更不用说作为一首商业发行的单曲。在这6分多的时间里，音乐的氛围时而抒情，时而愤怒，时而阴郁，挥之不去。这首歌高潮前的部分分为三个段落，首先是清澈明快的前奏部分，然后爆发出密集的吉他狂奏，最后在复调的高音里回归平静。在我听来，这就像是以快进的节奏在出生、死亡和来世之间，在地狱和天堂之间穿梭，歌词中描绘的雅皮士社会以及"第一个无路可退的人"等也证明了这一点。对这个消费主义盛行、注意力涣散的时代而言，就像一出带着恶意的喜剧。

不过对我影响更为深远的是另一个文学类比。因为对这张专辑想表达的内容感到不解，我四处寻找别人的评论，其中一条评论里说道，《偏执狂机器人》是世纪之交的《荒原》。当时的我对T. S. 艾略特和他这篇不朽的诗作只有朦胧的印象，从未静下心来仔细地读过。现在想来，这是一个绝妙的类比。这首歌和这首诗，在长度和野心，以及对死亡的偏执和痴迷上如出一辙，还有最重要的一点——在不同情绪和观点之间的动摇不定。约克唱的是他脑海中听到的尚未出生的声音；艾略特最初想把他这首诗命名为《他用不同的声音读警察报告》——这表明了二者都曾进行同样的尝试，将现代性的痼疾清晰地表达为一种注定要灭亡的、大众化的崇高。但当时令我最为震惊的地方在于，我意识到流行音乐可以超越它自身，映射到更加复杂的艺术表现形式。从那以后，我开始接触文学。

毫不夸张地说，我的生活从此变得不一样了。不仅仅是因为我的成年生活的主要内容都集中在对文字的理解和解释上，更为根本的一点是，我对成年后生活意义的整体观念与文学这一最为广阔、最能自我反思的艺术形式的发现密不可分。在我看来，作为一个成熟的人，就是要尽可能地保持敏感和自知，这意味着要试图向那些比我更加敏感和自知的人身上学习。正如大地之灵告诉浮士德的，"你和你所理解的精神是一致的（ *Du gleichst dem Geist, den du begreifst* ）"。也有人把这句话简单翻译成"你理解什么，你就是什么（ you are what you understand ）"。①在20岁时，被无可辩驳、不能抗拒的力量驱使发现这一点，这是重新定义我人生的重要经历，差不多相当于圣保罗去大马士革②。我从现实世界转而投身于精神生活。

我是不是把这一时刻看得太重了？中年的标志之一，就是你开始反思你是如何走到今天这一步的，你是如何变成一个坚定、负责任的成年人，拥有让过去的自己无法想象的自信和睿智。对这个过程，我们每个人都有自己版本的描述方式。当然这些描述都不太可靠——即使不去试图将过去的事情浪漫化，我们也多少都会给一些其实是偶然的事件赋予意义。不是我不相信自己的记忆，而是我了解自己一定会过分强调其中某些方面。在回忆的过程中，目的论会促使我们相信，是这些关键时刻使得我们变成了现在的自己。我的自我感觉，其实是一种认知幻想，一个我告诉自己我现在是一名文学教授、一名丈夫和一名父亲，并从中找到意义的故事。在这个过程中的某个地方，我似乎更愿意相信，一定会有一次大爆发式的事件推动我继续前行。还是说，其实这个过程都是渐进式的呢？

---

① 《歌德作品集》第Ⅲ册。埃里希·特龙芝编（汉堡版，慕尼黑，1998年），第24页。
② 圣保罗是圣经人物，罗马犹太人，曾经迫害过基督徒，在去往大马士革的途中受到了耶稣点化，他从马背上摔落，幡然醒悟，从此皈依基督教；后来成为基督教最伟大的传教士之一。——译者注

VIII
漫步在其中的岁月：中年的转变

◆ 去大马士革的路上：卡纳瓦乔，《圣保罗的皈依》，公元1600年，木版油画。

如果严格按照定义，人一生中发生重大转变的时刻是很少见的，最多也就一到两次。广义上的青春期就是这样一个时期，我们从孩童逐渐变成青年人。而中年其实也有自己的"成年仪式"，没有什么比字面意义上（而非隐喻意义上的）的"转变"更能赋予其象征性的力量。自古以来，关于这种中年转变的最著名的典故，无疑就是从扫罗（Saul）到使徒保罗（Paul）①的故事。

在基督教和伊斯兰教的传统教义中，二者都起源于穆罕默德在40岁时从大天使加百列那里接受启示这个家喻户晓的故事，这使得穆斯林对中年危机所具有的变革性力量深信不疑。对于这一典故的经典回应来自奥古斯丁，他在《忏悔录》（作于公元400年）中，讲述了31岁时的他如何发现了上帝的存在。一个小孩的声音提醒他"拿起来，读！"（tolle lege!），于是他随手翻开圣经，看到了保罗写给罗马人的使徒书信，更确切地说，是描述从摩西法典到神之恩典的"信仰转变"一节。②奥古斯丁以此作为他改变人生道路的标志，并于次年接受了洗礼。

在我20岁的时候，奥古斯丁皈依故事的世俗版本发生在了我的身上。我喜欢上了艾略特，喜欢上了文学的优雅和精神生活。然而艾略特本人，从他早年在圣路易斯的密西西比河附近生活时，就沉浸于人文主义的传统中，和奥古斯丁类似，在中年时皈依了基督教。在第一次世界大战爆发前的几年中，这位年轻的美国诗人在哈佛和牛津接受了哲学教育，他抛弃了19世纪"格鲁吉亚"诗人流传下来的韵律，转向法国象征主义者，例如朱尔斯·拉弗格（Jules Laforgue）和保尔·魏尔伦（Paul Verlaine）的风格，从而"依靠自己的力量，实现了自我的现代化"（引用自埃兹拉·庞德1915年写给《诗歌》杂志编辑哈里特·门罗的著名信件）。③庞德推荐出版了艾略特早期的重要诗作《J. 阿尔弗雷德·普鲁弗洛克的情歌》（*The Love Song of J. Alfred Prufrock*），这首诗里过分现代化的措辞，使得艾略特在战争刚刚结束时的伦敦文坛声名扫地。1922年秋，艾略特出版了他的现代主义杰作《荒原》（*The Waste Land*），这部作品后来被认为是20世纪最重要的一首诗作。此后，艾略特又创作了一些小诗和随笔，作为诗人和评论家声名鹊起。总之

---

① 扫罗是使徒保罗在皈依前的原名，皈依后改名为保罗。——译者注
② 参见圣奥古斯丁《忏悔录》，Ⅷ:12（伦敦，1961年），第177页。
③ 1915年9月30日埃兹拉·庞德写给哈里特·门罗的信，载于《埃兹拉·庞德书信选集：1907—1941》，D. D.佩吉编（纽约，1971年），第40页。

VIII
漫步在其中的岁月：中年的转变

不管怎么说，艾略特变成了一位重要人物。

然而，在艾略特的国度里，事情总是不太顺利。首先，他和性格阴晴不定的家庭教师薇薇恩·海伍德（Vivienne Haigh-Wood）的草率婚姻很快走向破裂，这件事一直给他带来罪恶感和外界的谴责。他的工作也不太顺利，他越来越不自信，总是纠结于下一步该做什么这个无可避免又难以直接决定的问题。对于欧洲发生的血腥屠杀，他在战后感到深深的绝望，用但丁式的语句描述伦敦桥上涌动的人群："死亡摧毁了如此多的人"。在这样的屠杀之后，如何才能宽恕？1922年，他的精神被银行职员的工作所榨干（1922年时他曾告诉庞德，"想到以后要一辈子在那里工作我就感到厌恶"），而身体又被自己的妻子所排斥。1923年，艾略特写信给一位记者说，"我甚至没有时间去看牙医或者理发……我太累了，无法再继续下去。"[1] 35岁左右的艾略特已经精疲力竭。

对于中年遇到的困境，艾略特给出的解决方案是改变一切：宗教，国籍和风格。1927年，这一年他满39岁，请注意这正是乔治·米勒比尔德口中"最富创造力"的一年，他在双重意义上发生了英国化：他接受了英国国教的洗礼，并成了一名英国公民。正如他的名句，现在他可以宣称自己"在宗教上是英国国教教徒，在文学上是古典主义者，在政治上是保皇派"。[2] 然而，我们应当注意不要把艾略特连续的生活阶段划分得太清楚。一方面，这里谈到其实都是中年时期的艾略特。毕竟早在他25岁左右的时候，"普鲁弗洛克"就已经老了，裤脚已经卷了起来。从更广泛的意义上来说，这种中年转变的模式可能有过于简单化的风险，因为它诱导我们将中年定义为一个精确的时刻，一个完全确定的时间和地点。实际上中年转变的时刻，人生道路中途变道的时刻，可能看起来更像是在一种生活方式和另一种生活方式之

---

[1] 1922年11月15日T. S. 艾略特写给埃兹拉·庞德的信，载于《艾略特书信集》，瓦莱丽·艾略特编（伦敦，1988年），第597页。1923年3月12日艾略特写给约翰·奎因的信，载于《艾略特书信集第Ⅱ卷：1923—1925》，瓦莱丽·艾略特和休·霍顿编（伦敦，2011年）。以下引为《书信集第Ⅱ卷》。

[2] T. S. 艾略特《为兰斯洛特·安德鲁斯而作：风格与秩序论文集》（伦敦，1929年），第7页。

间的空隙中突然发生的顿悟。扫罗听到"被你迫害的耶稣"的声音时跪倒在地，奥古斯丁听到孩子的声音叫他去读圣经，虽然《启示录》里的传说故事总是这样讲，但实际上中年的心理剧变并非一夜之间发生的。相反，这些变化在地下生长多年，它们的"根系"抓住①我们对于缓慢展开的生活半模糊半清晰的不满足感，而后结出了果子。

以艾略特为例，这些根系可以追溯到许多年前。如果说他在东海岸接受的一神论（Unitarian）教育赋予了他良心和个人责任感，那么他与生俱来的气质无疑是他逐渐展现的纤细敏感的最重要原因。因为最吸引艾略特的，是以身殉道的召唤。在他早期的诗歌中，充满了备受折磨的、苦行的、自我克制的殉道者形象。事实上他早期的两部主要作品，无论是《普鲁弗洛克》还是《荒原》都暗喻了殉道：《圣塞巴斯蒂安的情歌》（1914年）指向前者，而《圣那喀索斯之死》（1912/1913年）预示了后者。在艾略特早期的诗句中，圣塞巴斯蒂安"会穿着一件毛衫来到这里"，并且"鞭打自己直到血流不止"；而那喀索斯成了"上帝的舞者/因为他的肉体爱上了燃烧的箭矢"。②艾略特痴迷于自我牺牲的主题，人们怀疑这很大程度上是因为这些都是关于他自身的故事。

因此，在艾略特真正加入教会之前很久，他就已经摆出了一副隐士的姿态，给人一种形而上的戏剧感。但实际上这个姿态也是由于现实的情节所驱动，即与他一生挚爱艾米丽·黑尔（Emily Hale）的分离。1913年，他们在哈佛相遇。1914年，艾略特向她倾诉了自己的感情之后，迅速动身前往欧洲。多年来对两人之间的关系有着诸多猜测。直到2020年，被封存的艾略特和黑尔之间的往来书信终于被打开，让我们得以确认艾略特的炽热感情。③在大西洋彼岸遥不可及之处，艾米丽在艾略特一生的诗歌作品中扮演了一位

---

① 此处的"roots that clutch"化用自艾略特《荒原》中的句子。——译者注
② T. S. 艾略特《艾略特诗歌集》，克里斯多佛·里克斯和吉姆·麦库埃编（伦敦，2015年），第265–266页，第270–271页。
③ 参见《卫报》2020年1月2日文章，爱德华·赫尔默作，《艾略特隐藏的情书揭示了强烈的、令人心碎的爱》。

VIII
漫步在其中的岁月：中年的转变

冰冷的、无法触及的女性形象。黑尔成了他缥缈的比阿特丽斯①，他心中"永恒之女性"②。20世纪20年代，与艾略特的妻子薇薇恩真真切切的存在形成鲜明对比，从未出现在艾略特的生活中的黑尔更加地令人在意。正如艾略特一开始所想象的那样，这种神圣的爱，如同已逝之爱一样有着超脱凡俗的一面，是大洋彼岸一个虚无缥缈的梦想。正如艾略特后来在《燃烧的诺顿》（1936年）中所写到的："过去可能存在的事物是一种抽象/只是在思维的世界中/保持着永恒的可能性"。③

艾米丽和薇薇恩之间，新世界和旧世界之间，由于文化上的断层感而显得更加对比鲜明。当然对于艾略特来说，"新世界"现在变成了旧的。他成年后所生活的环境是英格兰（更广泛地说是整个欧洲）。20世纪20年代，他的朋友们发现，他变得越来越喜欢"英式"风格，穿得像个大城市的绅士，并且讲话时不再带有大西洋彼岸的拖腔拖调。在他所有的面具和姿态中，这可能是最后一个，也是持续时间最长的一个：如果美国生活代表了他的童年，那么英格兰生活就代表了他的中年。在他看来，皈依英国国教标志着他的成熟，并为他未来的创作铺平了道路，他一路创作了《四个四重奏》（*Four Quartets*）及其他的作品。简而言之，年近四十的艾略特，已经成了一个常去教堂做礼拜的中年英国人。

从很多方面来说，艾略特的成名之路可以作为一个中年回归的典型故事。随着我们步入成年时期，老生常谈的话题越来越多，我们变得越来越保守，并且越来越意识到历史的进程和我们在其中的地位。传统开始对个人才能产生更大的影响。然而，艾略特的案例比这种表浅的解读要复杂和有趣得多。对他来说，就像对我们中的许多人来说一样，中年无疑是一个面具，在这个面具背后，青春的混乱和不确定性继续迫使他小心控制情绪，成功的背后暗藏着对失败的恐惧。在那个读着诗歌的成熟的成年人背后，愤怒的青少

---

① 意大利诗人但丁作品中的人物。——译者注
② 出自歌德《浮士德》的最后一句，"永恒之女性，引领我们前进"。——译者注
③《艾略特诗歌集》，第179页。

◆ 中年体面的面具：35岁左右的T. S. 艾略特，1926年。

VIII

漫步在其中的岁月：中年的转变

年在听着电台司令的歌。面对外界，艾略特已经成为当权派的象征；而在内心深处，他仍然是一个谨慎的局外人，从本能上他更接近新英格兰的风格，而非老英格兰。在表面上越是受人尊重，他就越发将感情投入他的诗歌之中。"我感觉到他戴上了一层面纱。" 1923年，弗吉尼亚·伍尔夫这样写道。这句话不仅预言了艾略特后来皈依英国教会一事，也暗示了对于这位现代主义诗人而言，宗教信仰在很大程度上不过是另一张面具。① 这样的面具是脆弱的，从艾略特重要的过渡时期作品《空心人》(*The Hollow Men*) 中可见一斑。

《荒原》出版后的几年里，艾略特试图"安定下来，追求更好的作品，因为这样的念头始终在我的脑海中挥之不去，折磨着我"，《空心人》就是这一时期的产物。② 这首诗于1925年首次完整出版，既反映了艾略特在事业和婚姻中的迷失感，又证明了他的宗教意识其实是一种潜在的寻求救赎的方式。回首1936年，艾略特形容这首诗是渎神的——"亵渎神明，因为它是如此绝望，它代表着我在晦暗的家庭生活中所达到的人生低谷"——"渎神"这个词恰如其分地让人联想到了面具背后的形而上学感。③ 从标题和开篇开始，《空心人》探索了艾略特在35岁左右时经历的空虚感：

> 我们都是空心人
> 我们都是稻草填充的人
> 靠在一起
> 脑子里装满稻草。哎！④

---

① 1923年5月18日弗吉尼亚·伍尔夫写给瓦内萨·贝尔的信，引自林达尔·戈登《艾略特：不完美的生活》（伦敦，1998年），第208页。
② 1923年2月6日T. S. 艾略特写给阿尔弗雷德·克雷伯的信，参见《艾略特诗歌集》，第712页。
③ 1936年1月1日T. S. 艾略特写给亨利·艾略特的信，参见《艾略特诗歌集》，第714页。
④《艾略特诗歌集》，第81页。

填充着稻草的人的形象，令人想起1605年的火药阴谋①，暗示着牺牲（盖伊·福克斯的献祭仪式）可能是复兴的必要条件。"死亡的另一国度"成了这首诗的核心和高潮，不仅仅是在第一部分出现，而且贯穿了五个章节。这就好像艾略特想要让自己变得麻木，以便重新出现在另一个世界。倒数第二节中他写道，"死亡的黄昏国度/［是］空心人仅存的希望"；面具后的空洞就像一个虫茧，一个预示着重生的蝶蛹。

如果说空心人的面具代表了中年的空虚，那么机器代表了中年的另一种形象。到了35岁左右时，艾略特已经彻头彻尾成为一名公司职员，一开始是在劳埃德银行工作的银行职员，然后从1925年9月开始在费柏出版社担任出版商。尽管他曾公开表示对日常烦琐的文书工作的反感，但是他其实需要这样的工作为他提供例行公事一般的规律生活，一部分原因是这可以分散他对自我的负罪感和失败感的注意力，正如他在1925年写下的一封信中所解释的：

在过去的十年中，我缓慢地、有意地将自己变为了一台机器。我是故意这样做的，为了忍耐，为了让我不去感受，但是这却杀死了薇薇恩……是不是有时候，一个人的生存，必须以另一个人的死亡为代价？②

面具和机器这两种成人的形象有一个共同点，那就是艾略特试图压抑他所有的感受。在这样的背景下，对于他在20世纪20年代皈依教会的行为可以有另一种解读——与其说是对英国天主教教义的认可，不如说是他驱散"不受控制的情绪大军"的一种方式。③用他自己的话来说，艾略特对于天主教的信奉，是他的诗作的"客观对应物"，是他在早期随笔作品中从美学上勾

---

① 指1605年，一群英格兰天主教徒因不满当时英国对天主教的压迫，试图炸毁英国议会大楼，杀死英国国王詹姆斯一世和新教贵族的计划，但以失败告终。——译者注
② 1925年4月T. S. 艾略特写给约翰·米德尔顿·默里的信，《书信集第Ⅱ卷》，第627页。
③《艾略特诗歌集》，第191页。

VIII

漫步在其中的岁月：中年的转变

勒出的"逃避个性"的一种形式。①《空心人》的最后一个章节也讲述了这一点，其戏剧化地描述了一个刚刚皈依的人，试图控制自我的一系列尝试。在这一页的左半部分，断断续续地呓语着渴望（"在渴望/与痉挛之间/在潜在/与存在之间……落下阴影"）；右半部分则用叠句清醒地重复着放弃（"因为天国是你所有"）。这首诗的最后几行，可以称得上是所有文学作品中最为著名的突降法之一，为他强加于自身的禁欲主义加冕，"并非轰然巨响，而是一声呜咽"。

然而这一声呜咽，会不会也是出生（或者重生）时的哭泣呢？在《空心人》的结尾部分，反复出现的"在……之间"的句式，在《圣灰星期三》（1930年）中的应用更为突出，这其实也是艾略特皈依后最常使用的一个句式。犹豫着重复的"在……之间"，变成了张扬反复的"因为……"——艾略特引用中世纪意大利诗人吉多·卡瓦尔康蒂（Guido Cavalcanti）的句子写道，"因为我不希望再回头"，"我为事物的本来面目而欣喜/我拒不承认那张幸福的脸"。②这个句子使用了歌德式习语，表示放弃和拒绝，在这里被用于某种更伟大的事物。当然，在艾略特的传记式作品中也有相似的内容。正如艾略特1929年写给他哥哥的信中所说，"我已经三次重启自己的人生：22岁，28岁和40岁时；我希望以后不用再重启了，因为我越来越感到疲倦。"③一次次的重生是有代价的。

然而，正如艾略特多次与他人的对话中所提到的，这种关于重生的比喻手法，也有一个非常清晰具体的原型，那就是但丁的《新生》（*Vita Nuova*）。但丁或许可以说是对艾略特而言最重要的先贤，泛泛地说，他的影响可以反映到艾略特作品的三个主要阶段：从《荒原》的地狱，到《空心人》和《圣灰星期三》的炼狱，再到《四个四重奏》的天堂。在中年炼狱时

---

① 参见T. S. 艾略特《圣林：诗歌与批评论文集》（伦敦，1920年）中的随笔《哈姆雷特及其问题》和《传统与个人才能》。
②《艾略特诗歌集》，第87页。
③ 1929年10月19日T. S. 艾略特写给亨利·艾略特的信。参见《艾略特诗歌集》，第735页。

代的末期，艾略特接受洗礼成了天主教徒，开始探索新的生活。相应的，在《新生》中，对基督之爱的纪念活动也具有特殊的含义。艾略特认为，但丁的书是"对情感训练至关重要的作品"，因此他将自己的《圣灰星期三》描述为"不过是一首尝试用英语重写《新生》的诗"[①]就不难理解了。《圣灰星期三》代表了将《新生》的准则应用于现代生活的一种尝试。艾略特在一篇关于但丁的文章中写道，尽管强调的是高贵的爱，但《新生》其实是"反浪漫主义的"：我们不得不"向死亡寻求那些生命所不能给予的东西。"[②]40岁的艾略特，与其说是正在人生路的中途，不如说是在走向死亡的中途。

"反浪漫主义"是对艾略特40岁前后这一阶段一个很好的总结。他拒绝了婚姻的混乱，投身于教会；抛弃了美国少年的冒险精神，拥抱英国中年人的体面生活。就我们对于中年的更广泛描述而言，最能说明问题的，不仅仅是他以皈依宗教的形式度过中年危机，还有他越来越在自己身上感受到《圣灰星期三》第四节中所描述的"介乎两者之间的岁月"。简而言之，时间这一意象，已经成为艾略特最重要的主题。到了《四个四重奏》时期，则成了他艺术的精髓。

二

现代主义时期重要诗人中，艾略特并非唯一经历了中年转变的人。英国文学界，最值得参考的例子无疑是W. H. 奥登，他在1939年搬到纽约后开始造访教堂，并且在1940年正式宣布成为一名基督徒。英语世界之外，还有一个更贴切，但知名度没这么高的例证，那就是德国诗人、文学家鲁道

[①] 1930年5月16日T. S. 艾略特写给劳伦斯·宾尼恩的信；1930年6月2日艾略特写给保罗·埃尔默·莫尔的信。参见《艾略特诗歌集》，第73页。
[②] T. S. 艾略特，《但丁》（1929年）《散文选：1917—1932》（纽约，1932年），第199–240页，此处引自第235页。

VIII
漫步在其中的岁月：中年的转变

夫·亚历山大·施罗德（Rudolf Alexander Schröder, 1878—1962）。与艾略特相似的日趋保守的情感，使得施罗德成了将艾略特的作品翻译成德语的最佳人选。1939年，施罗德将艾略特的诗剧《大教堂谋杀案》（*Murder in the Cathedral*）改编为了德语版（*Mord im Dom*）。另外，他还和艾略特有一个类似的经历，就是在中年时期改信基督教，并且在1930年出版了一本名为《人到中年》（*Mitte des Lebens*）的"精神诗集"。到了20世纪的40年代，整个现代主义一代人都进入了中年。

这对我们理解中年思维意味着什么，是一个值得进一步思考的问题。我们习惯于将现代主义视为关于年轻和创新的美学，而一旦涉及衰老的想法就会被我们嗤之以鼻，似乎这只能意味着倒退、僵化、融入古典主义。但是，如果这种古典主义是中年时代的另一面，而中年其实是时间意识的另一面呢？艾略特的例子告诉我们，时间——无论是时间的流逝，还是它的存在本身——是中年人心中最大的困扰。这不仅适用于皈依这一阶段本身，也适用于之后产生的长久影响。中年皈依，可以被理解为荣格所说的，在一个人30多岁后半期自然产生的"宗教观"的一种表现形式。"中年"不仅指的是这场危机，还包括此后几十年的固化。现在的时间和过去的时间，或许最终都会变成成熟的时间。

事实上，艾略特对于成熟这一概念产生了长久的兴趣。在他皈依的时候，他特别关注发展和变化意味着什么这一问题，他写信给了威廉姆·福斯·斯特德（正是后来给他施洗礼的人）：

> 一个人可能会不断地改变自己的想法、情感和观点，否则这个人就会萎缩掉。但是改变想法并不意味着否认过去。当然，我确实对自己过去所做的一切"不满意"，但这也并不代表否定。如果一个人相信自己所写的东西在被写下的那一刻是真诚的表达，那我不认为他应该"否定"自己过去写的东西。否则的话，人是否也要否定自己的婴儿期和童年期。①

---

① 1927年1月7日T. S. 艾略特写给威廉·福斯泰德的信。参见《艾略特诗歌集》，第1221页。

艾略特对于"改变"和"否定"的区分，对我们理解中年的方式有着重要的影响。虽然改变是不可避免的，实际上也是必要的；但否定是一种范畴上的错误，因为否定的基础是假定过去的思想和现在的思想一直是连续的。随着年龄增长，我们会自然而然地开始更多地回忆起童年，就像艾略特在1930年8月的一封信中写到的，"我发现，随着人步入了中年，会更容易想起早年的生活，早期的印象会变得愈发强烈"，但是这也意味着我们更加强烈地意识到自己已经走过了很长一段路程。①关键是我们要承认这段路程，并且接受改变。在艾略特眼中，真诚是创造力的关键标准，但这种真诚会随着我们年龄的增长而不断调整。如果我们总是对自己所写的、所创作的东西感到不满意（我就是这样，总觉得自己的每本书都可以写得更好）那是因为我们总是用现在的标准评判过去的自己。否定过去的自己，就是在否定时间。

从这个区别中，诞生了"中年"这一范畴，不仅仅是作为对时间的一种强化的自我意识，也是一种认识论的工具，用来揭开我们如何发生改变这一问题的答案。在20世纪30年代和40年代，艾略特将这个工具应用于他自己的写作，也用于解读他人的作品。1940年一篇关于W. B. 叶芝的文章中，艾略特试图将这位年迈诗人所面临的选择条分缕析：

> 概括写作模式是一件既困难且不明智的事情，毕竟世上有这么多的人，这么多不同的模式。但我的经验是，到了中年，一个人通常会有三种选择：完全停止写作；或者不断重复自己的写作方式，将技巧磨炼得越来越精湛；或者思考让自己适应中年，找到一种完全不同的工作方式。②

广义上来说，艾略特所认为的作家成熟的三种类型，其实和我们所有人

---

① 1930年8月8日T. S. 艾略特写给马库斯·W. 查尔兹的信，载于《T. S. 艾略特书信集第V卷：1930—1931》（伦敦，2014年），第382页。
② T. S. 艾略特《叶芝》，载于《散文选集》，弗兰克·克莫德编（纽约，1975年），第248–257页，此处引自第249页。

VIII
漫步在其中的岁月：中年的转变

在逐渐老去的过程中面临的三种选择是大体对应的：是做减法，还是做加法，抑或开启新生活？艾略特显然是倾向于最后一种模式，他说叶芝是一位"卓越的中年诗人"，正是因为叶芝随着年龄的增长完全改变了风格（而艾略特认为，莎士比亚则没有做到这一点）。

中年的叶芝甚至让艾略特重新评估了他著名的非个性化诗学理论。1919年，艾略特首次提出了这一理论。到了1940年，艾略特声称"非个性化诗学有两种形式：一种是熟练者的自然行为，一种是成熟的艺术家一步步实现的。"①艾略特提出，在老去的过程中，叶芝设法保留了他自身经历的特殊性，但是将其转化为了一种更普遍的象征——从而例证了艾略特所说的"艺术家的特性：在道德和智力上的卓越性"。当他成为一个成熟的诗人，他也成了一个成熟的人。

在艾略特看来，进化才是艺术之伟大性的必要标准，而非否定：

> 理论上，诗人的灵感或素材，没有理由在中年，或者在垂暮之前的任何时候枯竭。对于一个善于体验的人，他会发现自己在一生中的每个10年里都置身于不同的世界。当他以不同的视角看待生活，那么他艺术创作的素材就会不断更新。但事实上，很少有诗人表现出这种适应岁月的能力。的确，人需要非凡的诚实和勇气来面对变化。②

如果说在1927年，真诚是艺术成就的关键前提；那么到了1940年，诚实这一品质脱颖而出。我们是否跟上了自身的变化？我们是否忠于现在的自我，而不仅仅是模仿我们过去的影子？艾略特警告说，伴随中年而来的一个危险是"对于自己早期作品的……虚伪的模仿"。但是我们要如何避免这一点呢？这种能力或许是构成天才中年人的定义之一。艾略特在1949年写道，

---

① T. S. 艾略特《叶芝》，载于《散文选集》，弗兰克·克莫德编（纽约，1975年），第251页。
② 参见《艾略特诗歌集》，第1222页。

乔伊斯"最伟大的才能之一"是"进化的能力"。[1]不断发展的艺术家,如叶芝和乔伊斯这样的作家,或者电台司令这样的音乐家,因此备受推崇,即使我们可能会对他们前进的方向有异议。

尽管艾略特所认为的持续发展的重要性已得到了证实,但令人意外的是,他对处于"中间"时期的自己却很大程度上抱有负面的看法。在他50岁出头,发表关于叶芝的声明的那一年,艾略特在给他的朋友约翰·海沃德的一封信中,创造了"中庸风格"这个词:"我认为事物应该从某种中庸风格开始,那种可以无止境地坚持下去的风格,并在它逐渐变成习惯的过程中(顺其自然地)变成个人风格。"[2]中庸风格或许被认为是一个消极的阶段(因为它实用却不够高贵),而在艾略特自己笔下,这个阶段可以说是糟透了的:

> 所以我在这里,在途中半道,已经度过了20年
> 两次世界大战之间的20年,大部分都被浪费
> 我努力学习使用词汇,而每次尝试
> 都是一个新的开始,也是又一种形式的失败
> 因为我只学会了使用更好的词汇
> 来表达不再需要说的话,或者用更好的方式
> 来表达自己不再想说的话[3]

这首诗写于1940年,艾略特描绘了处于中间时期的诸多感受。《东河村》(*East Coker*)的大部分内容所展现的笨拙、略显呆板的风格,正是这种感受的集中体现,以至许多当代批评家认为,《东河村》以及《四个四重奏》中的一些类似段落更像是散文而非诗歌。艾略特无法克服(他自己感觉的)

---

[1] 1940年11月25日T. S. 艾略特写给约翰·海沃德的信。参见《艾略特诗歌集》,第1225页。
[2]《艾略特诗歌集》,第191页。
[3] 1938年2月4日T. S. 艾略特写给帕米拉·默里的信。参见《艾略特诗歌集》,第951页。

自己的不足。在战争中最黑暗的日子里，他把中年变成了一种武器，以对抗对失败的恐惧，并且自觉地把自己和庞德定义为了"中间一代"的诗人（叶芝代表年长的一代，而奥登和斯蒂芬·斯彭德是年轻一代），既不是已经发展成熟的一代，也不是面目一新的一代。① 因此，他认为"人生中途"是不断试图重新开始又不断失败，是一个永远在受挫的开端，这与他对叶芝和乔伊斯的评论惊人地相似。不同的是，他认为叶芝和乔伊斯是在不断进化，而他却像他们照片的负片一样，始终囿于原地。失败似乎是唯一的出路。

在从《论诗歌》（*On Poetry*）（1947年）的出版文稿中摘录的一段话里，艾略特将这种对失败的感受进一步上升为了中年宣言：

一个人持续不断地创作诗歌，当进入中年以后，他必须得越来越深刻地意识到自己的局限性才行：意识到自己什么事情能做得好，什么事情不能做。学会把自己的能力发挥到极致，而避免在不擅长的领域耗费过多的精力。我想，我说的这些关于诗歌写作的道理也同样适用于另一个最常见也最伟大的工作——婚姻……每时每刻都有新的问题产生，你无法解决……除非你重新创作一首新诗，或重新认识你已经很熟悉的丈夫或妻子，始终感觉到自己还有很多东西要学习。②

因此，对艾略特而言，文学为一般意义上的中年生活提供了一个模板。谦逊——如蒙田所说的中年谦逊——仍然是最重要的美德。在人际交往中，就和写作一样，我们必须接受有些事情力所不能及，同时努力去做我们能做到的事情。中年意味着在更专一的领域精耕细作，而非不断扩展领域。这是一种典型的贝克特式观点，尽管带有一些精英主义的谨慎。

这种谨慎既是个人层面的，也是政治层面的。例如，在上文引用的《东河村》里的一段中，艾略特形容中年的方式就像在说老年，特别是他这一句

---

① 参见《艾略特诗歌集》，第952页。
② 出处同上，第187–188页。

"这就是我，走在人生的中途"，与他早期的诗作《老年》（1920年）开头的句子"这就是我，一个干旱月份里的老头"形成了呼应。艾略特说自己"20年大部分被白白浪费"。但丁在《宴会》中，将成熟的时间定义为20年。艾略特在他关于叶芝的文章中，将新诗派的标准时间跨度也定义为20年。20年也正好对应了《老年》和《东河村》两首诗之间所流逝的时间，只不过在顺序上反了过来。就像F. 斯科特·菲兹杰拉德的《本杰明·巴顿》，艾略特似乎以倒叙的方式在度过人生，从过早衰老的神经质的青年时期，经过疲惫的中年，到1957年第二次婚姻时又找回了青春。

然而这20年还具有更加广泛的历史意义，因为正好处于两次世界大战之间。艾略特对但丁式叠句"在生活的中途"的多种变体，也带有这种政治共鸣：对于个人而言，身处中间意味着一种威胁感和失落感——"不仅仅是在生活的中途/而是在所有道路的中途，在黑暗的森林里，在荆棘丛中，/在格林盆的边缘，没有安全的立足之地，/饱受怪物的威胁"；而在政治上，身处中间蕴含着妥协和沟通的希望。20世纪20年代末，艾略特在皈依宗教时发表的言论表明，无论是从国家政治还是从国际关系的角度，他认为应该重新认识到公共领域是一条"中庸之道"（"处于像我们现在这样的衰弱时期，很少有人有精力在政府和国际关系上采取中庸之道"[①]）：

> 英国同时存在着拉丁文化和日耳曼文化，她是连接两种文化的桥梁。但是，英国不应该只在西欧的这两个部分之间充当桥梁，她还是，或者她应该成为……不仅仅是欧洲内部，还有欧洲和世界其他地区之间的联结者。[②]

无论当时还是现在的英国都期盼将自己作为欧洲不同地区之间缺失的一环，虽然这种说法或许有些难以令人信服。但是撇开这一点，我们会惊奇地

[①] T. S. 艾略特，《约翰·布朗霍尔》，载于《散文选集》（伦敦，1932年），第316页。引自戈登《T. S. 艾略特》，第229页。
[②] T. S. 艾略特《评论》，载于《标准》（1928年3月）。参见《艾略特诗歌集》，第950页。

发现，关于"位处中间"的看法正在发生变化。在私人领域，"道路中途"是黑暗的森林或荆棘丛。但是在公共领域，它可能是一座桥梁，一种纽带。这完全取决于你到底处于什么的中间。

　　因此，对于艾略特和其他的作家而言，中年就像一张幕布，每个人将自己的焦虑投射在上面。这同样适用于文学本身，以及人们在阅读和写作的时候所做的选择。我现在阅读艾略特的方式，显然和20年前的自己不同（以艾略特所构建的但丁式对比法，与20年前比较）。如果还是一样的，那说明我的思想已经萎缩。艾略特对于智慧的发展十分热衷，而我在快成年时第一次接触艾略特的作品，在刚刚进入中年时开始写关于他的文章，正对应了他在《老年》和《四个四重奏》之间所经过的20年。因此，对我而言艾略特正是反映我个人发展的一个绝佳案例。对我们每个人而言，无疑都有这样的守护者和智慧的榜样，可能是作家、音乐家、思想家或者艺术家。因为各种各样的原因，他们一直伴随着我们的成年生活。在40多岁时重读艾略特，我惊觉他对我艺术品位的形成有着巨大的影响，从我早期对但丁和法国象征派诗人的兴趣，到后来对诗歌的纯粹的喜好。此外，我还感觉到这种品位与过去明显不同了。因为只有当一个人在人生中有了足够的体验，才能领略用典和互文①这样伟大的现代主义写作技巧。20岁时，阅读的作品里提到从未听说过的作者，会促使你去学习；而40岁再读时，你已经拜读过这些被提及的作者的作品，生活经验与知识之间产生了共鸣。成熟的心灵与过去相比要厚重得多，初次拜读时的震撼或许已经消散，但是中年生活的感受和体验不断沉积。简而言之，到了中年，我们自己成了自己的传统，引用自己生活中的典故，让经验与知识形成互文。

　　但另一方面，艾略特也指出，随着年龄的增长，继续进步会变得多么困难。从青春期走向成熟的道路是一回事，而从成熟到超越自己又是另一回事了。艾略特在20世纪20年代末皈依天主教，给他中年生活开了个好头，这种

---

① 与中国古诗词里的互文意思有区别，是一种写作手法，指通过引语、用典等方式，使得一段文本与另一文本之间产生联系。艾略特是此种手法的代表人物。——译者注

积极决策的热情，使得他能够以皈依者的热忱拥抱自己的40岁。然而，当他步入了50岁后，这种积极的热情又被消极的听天由命感所取代。中年时代变得像《东河村》里所引用的，《巴斯克维尔猎犬》中的格林盆沼泽："走错一步，无论人还是野兽都会命丧黄泉"。①简而言之，艾略特的例子告诉我们，人到中年，无论是遭遇危机还是选择皈依，这都只是个开始，最难的是中年生活的维持。对于这门最为复杂的艺术，我们可以转而求助于另一位非常不同的作家。

"THAT IS THE GREAT GRIMPEN MIRE."

◆ 西德尼·佩吉特（Sidney Paget）中年作品《格林盆沼泽》（The Grimpen Mire），选自《河滨杂志（The Strand）》1901年11月号，正在连载阿瑟·柯南·道尔（Arthur Conan Doye）的《巴斯克维尔的猎犬》（The Hound of the Baskervilles）。

---

① 阿瑟·柯南·道尔爵士《巴斯克维尔的猎犬》（纽约，2008年），第68页。

IX

减法的智慧：
中年极简主义

一

工作、睡觉、重复；工作、睡觉、重复。到了中年，重复劳损综合征成了一种常见的病症。任何到了40岁的人都对这个模式无比熟悉。无论我们的工作多么富有激情、无论我们的家庭多么幸福，随着年龄的增长，不可避免地会出现某种程度的厌倦感。从数字上来讲，我们活得越久，重复的次数就越多，无可回避。追求自己的目标，管理他人的计划，曾经激励我们的这些挑战开始变得陈腐和空洞。空虚感缓慢地渗透，挫败我们的每一项活动。我们常常讨论如何在40多岁时保持健康，但是又应该如何保持专注呢？正如多萝西·帕克（Dorothy Parker）那句不甚清楚的评论，中年人面对着激烈的赛跑，但问题在于，即使你赢了，你仍然是个中年人。

人们对这个问题的标准回复是，那就跑得再快一点。但是，如果真正的答案其实是跑慢一点呢？我们把竞争比喻成运动，它定义了我们想象中的生活，但是其实还有另一种模式：静止。我们花费大量的时间去做某些事情，但是很少尝试努力不去做它们。然而，少做一些事情，或者换句话说，别做更多的事情，是接受埃里奥特·杰奎斯的患者所描绘的从峰顶向下看的一种方式。要么不做，要么死亡。极简主义可以缓解中年危机。

在所有陪伴我们走过中年旅程的作家，所有走向衰老的艺术家中，塞缪尔·贝克特（Samuel Beckett）或许是最颠覆自我的一个。我们将贝克特当作混乱时代的年代史编者,流浪者和迷失者的桂冠诗人。如果深入了解他的作品,还会发现他从20世纪30年代早期的极繁主义转向了70年代和80年代的极简主义。然而我们很少注意到,他的整个审美在很大程度上直接受到《神曲》"在人生中途(*nel mezzo del cammin*)"的影响。贝克特能够帮助我们重新理解人到中年意味着什么吗?

大部分人都是通过《等待戈多》(*Waiting for Godot*)第一次接触贝克特的作品,这部标志性的战后戏剧可能是20世纪最具影响力的戏剧作品。我们会在学校里向青少年教授这部作品,事实上,它对青少年的心灵有着某种直觉式的吸引力。因为其中荒谬的对话、滑稽的人物、对既定的知识和权威体系毫无敬畏,这都与年轻人不安分的心灵相呼应。然而这部最不像戏剧的戏剧,也是关于中年停滞期的杰出作品,剧中的两位主角被困在一段从开始就不会去往任何地方的旅程中。终点永远遥不可及。在看过首演后的评论里有一句最著名的——这是一部什么都没有发生的戏剧,并且重复了两次(nothing happens, twice)。《等待戈多》以惊人的精准度捕捉到了中年时代悲喜剧的特征。

从更广泛的角度来讲,这出悲喜剧描述了文学史上最伟大的中年时期之一。在20世纪30年代,战前的贝克特是一个雄心勃勃、逃避现实的年轻人。他是什么样的人不重要,重要的是他想成为什么样的人。他在巴黎高等师范学院当了两年英语教师,也在那里迷上了詹姆斯·乔伊斯的作品。当时的乔伊斯正在写后来成为他晚期伟大作品的《芬尼根的守灵夜》(1939年)。随后,贝克特在曾经的母校都柏林圣三一学院做了一年法语讲师,20世纪20年代他曾在这里读书。然而,他只做了一年的学者,在1931年放弃了自己的职位。在1940年以前,辗转于伦敦和巴黎。在1936—1937年间的6个月里,他游历了纳粹德国的美术馆。这十年中,贝克特发表了他的第一批作品,有评论性的,也有原创性的,包括《论普鲁斯特》(*Proust*)(1931年)、《徒劳无益》(*More Pricks than Kicks*)(1934年)和《莫菲》(*Murphy*)(1938年),这些作品都卖得不好,没有引起批评家们的注意。这位穷困潦倒的作家一度

中年心态
THE MIDLIFE MIND

◆ 什么都没有发生的故事，重复了两次。《等待戈多》首演，1953年。

需要接受精神分析治疗，他离开了祖国爱尔兰，艰难地度过了20世纪30年代的流浪生涯。

  战争在贝克特以及和他同世代者的人生中形成了一个自然的停顿符，在战争的余波中，贝克特才达到了中年时代的完全成熟。人们将贝克特的人生转折定义为一个自我转变或"批判"的时刻，一个自我审视的决定性瞬间。这个伟大时刻已经被传为神话，尤其被作者本人津津乐道。战争期间，贝克特一直躲在法国南部，一有机会就参与到抵抗运动中。1945年夏天，他回到都柏林郊外探望年迈的母亲。当他坐在母亲的卧室里，看着光线照在她有些变样的脸上，他突然受到了启示：一直以来，他写作的方向完全错了。与其试图不断扩充包括词汇、语法和参考范围这些写作的资源，不如试着将其"极简化"。贝克特告诉他的传记作者詹姆斯·诺尔森（James Knowlson），

IX
减法的智慧：中年极简主义

"在尽可能了解更多知识方面，乔伊斯已经做到了极致。我意识到我自己应该在贫穷、知识匮乏和去除冗余中找到自己的写作方式，应该缩减而非增加内容。"① 从今以后，少就是多。

这一中年时期获得的启示在贝克特自己最满意的作品之一《克拉普最后的录音带》（*Krapp's Last Tape*）（1958年）中反复出现，并被转化为了艺术形式。贝克特从中年开始创作这部剧（当时他大约50岁），一直持续到他生命的尽头。它描述了一位老人，听着自己年轻时录下的自己的声音。贝克特对于中年启示的场景描述，变成了关于艺术灵感产生的浪漫时刻的原型。例如，里克尔就曾声称，在悬崖上俯瞰亚得里亚海时，他听到了风中有人低语着第一首杜伊诺哀歌的开头：

在精神上经历了极度阴郁和放纵的一年，直到三月那个难忘的夜晚，在码头的尽头，在呼啸的风中，我永远不会忘记那个我突然看清了整个世界的时刻。我终于看到了这幅景象，我必须今晚记录下这个梦幻时刻，因为那天我的工作就要完成了，或许我的记忆不会再为这个奇迹……（欲言又止）……为点燃它的火焰留下任何位置，无论是温暖或寒冷的。②

贝克特工作和生活中的这一关键时刻之所以如此引人关注，不仅在于它已经从私人事务融入了公众领域，还在于它正好融入了我们对于中年转变的一般性描述。因为在1945年的夏天，贝克特39岁，刚好是乔治·米勒·比尔德所定义的人生中点，也正是T. S. 艾略特受洗礼加入英格兰教会的年龄。尽管贝克特一生都在与俗套和陈词滥调做斗争，但从这方面来说，贝克特的经历也算是个有些老套的故事了。他后来重写了去探望母亲的场景，通过将自己置身于码头尽头的狂风暴雨中，委婉地嘲弄了浪漫主义者灵感天授的观念，暗示他是凭借自己的直觉获得了启示。

---

① 詹姆斯·诺尔森《盛名之累：塞缪尔·贝克特的一生》（伦敦，1997年），第352页。
② 塞缪尔·贝克特《克拉普最后的录音带》，收录于《短剧集》（伦敦，1984年），第60页。

然而，贝克特中年时期的"转折"与他之前许多作家的不同之处在于，他的转变并非宗教上的，而是认识论上的。我们大多数人，都是以线性模式在生活以及理解生活。在这个模型中，随着年龄的增长，我们会不断累积洞见和经验。对贝克特而言，中年意味着他认识到知识是无涯的，对知识的累积无法无止境地持续下去。①更确切地说，他试图将关于衰老的连锁悖论颠倒过来，把积累的知识比作沙堆，将沙堆里的沙子一粒一粒地拿走。问题不再是沙粒什么时候变成了一堆，而是拿到什么时候，沙堆不再是沙堆？从这一点延伸出去，贝克特的关注点变为把人看作"无知者"。②

因此，1945年贝克特遭遇的中年危机带来的主要后果就是后来人们所说的"对失败的忠诚"，这也对他的成熟作品产生了长远的影响。这句话出现在《与乔治·达特休的三段对话》(Three Dialogues with Georges Duthuit)中，乔治·达特休（Georges Duthuit）是一位艺术评论家和编辑（同时也是亨利·马蒂斯的女婿），20世纪40年代末在巴黎与贝克特相识。③两人之间的通信，以及由此沉淀出来的精炼"对话"，是记录贝克特中年美学的重要文献之一。这也是他的信件能够与济慈和海因里希·冯·克莱斯特的信件齐名，流芳百世的主要原因之一。他给达特休最早的一封信是1948年的夏天在都柏林写下的，他将自己对写作、对他的母亲、对衰老的感觉以及对他的否定句法的看法结合在一起，绘制成一个中年艺术家哀戚的肖像画：

我很难相信这曾经发生在我身上，并且可能会再次发生在我身上。在过去的时光，在这个人声鼎沸的城市里，我经常通过滔滔不绝的谈论来弥补，或者你更愿意我说是以此为乐。但我最近没有再这样做……"美丽的天使，你可知道皱纹，你可知道对老去的恐惧，那可怕的折磨……"你知道那些在

---

① 类似庄子"吾生也有涯，而知也无涯"的观念。——译者注
② 诺尔森《盛名之累》，第353页。原文引自《纽约时报》1956年5月5日以色列·申克的采访。
③ 塞缪尔·贝克特《三个对话：塞缪尔·贝克特和乔治·达特休》，载于《普鲁斯特和与乔治·达特休的三段对话》（伦敦，1965年），第125页。

炼狱中常见的哭喊吗？我也曾那样。上周，我和母亲一起去了一个很远的教堂，这样她就可以找一根柱子，我父亲可以躲在后面打瞌睡。到了晚上，他也可以躲在柱子后，隐藏他的坐立不安，这个胖胖的男人拒绝跪下……我一直注视着母亲的眼睛，那双眼睛从未如此忧郁，如此茫然，如此地令人心碎，那眼睛里装着无尽的童年，也装着老去的时光。让我们早些到达那里吧，尽管我们仍有拒绝的余地。我想这是我看到的第一双眼睛。我不想再看别人的眼睛，我已经拥有了爱和哭泣所需要的一切，我现在知道我的内心将要关闭什么、开启什么，但是我什么也没有看见，再也看不见了。①

个人的和文学的部分，身体的和形而上的部分，在这里被集合成了一幅动人的素描，描绘了这位42岁作家的精神状态。贝克特曾在大学里研究过但丁，并不断在自己的作品中引用他。作为终身阅读但丁的读者，贝克特将中年想象为炼狱："在人生中途（*nel mezzo del cammin*）"变成了"我曾是"（'*io fui*'）的过去式，现在不过是过去的持续，被失去了可能性、"再也看不见"的未来所扰。他还引用了波德莱尔（Baudelaire）的话，来唤起人们对老去的恐惧（*la peur de vieillir*），这是他写下这封信的原动力。但他以特有的方式拥抱这种恐惧，通过将他自己的中年视角与他母亲的"老者之眼"并列在一起。他甚至要求我们干脆赶紧跳过中年期，抵达人生的终点："让我们早些到达那里吧，尽管我们仍有拒绝的余地。"靠着不去做、不去了解，来对抗衰老。

贝克特对于来自中年的挑战，典型的回应就是这种"拒绝"的想法。"拒绝"是贝克特否定句法的关键术语。在此处，呼应了他去世已久的父亲"拒绝跪下"，这个短语又反过来将我们带回了但丁。②在《地狱》的第三章中，但丁创造了一个短语"伟大的拒绝（*il gran rifiuto*）"来形容那些拒绝致力于

---

① 1948年8月2日，塞缪尔·贝克特写给乔治·达特休的信，乔治·克雷格译。引自《塞缪尔·贝克特书信集（1941—1956）》，乔治·克雷格、玛莎·道·菲森菲尔德、丹·冈恩和洛伊斯·莫尔·奥弗贝克主编（剑桥，2011），第92页。
② 关于贝克特和其他现代主义者中这种句法的使用的进一步讨论，见谢恩·韦勒，《欧洲现代主义中的语言和否定》（剑桥，2019）。

任何既定的目标，对错误保持中立的人。贝克特在1949年3月写给达特休的另一封信中提到了这个词，在信中他谈论了他的朋友布拉姆·范·维尔德的绘画技巧：

> 我们已经等待了很久，等待一个可以足够勇敢、足够从容地应对直觉的巨大旋风的艺术家，领会到与外部世界的决裂意味着与内心世界的决裂，没有什么可以替代二者之间的原始关系，所谓的内在和外在其实是同一的。我不是说他没有尝试重新建立连接，重要的是他没能成功。如果你同意，他的画展现了重新连接的不可能性。如果你愿意，其中既有拒绝，也有拒绝接受拒绝。这也许就是这幅画的由来。就我而言，我感兴趣的是伟大的拒绝（gran rifiuto），而不是让我们获得这一伟大成就的那些英勇挣扎。[①]

在信的结尾处他写道"我很少谈论自己，也很少谈论其他"，由此可见，此处的叙述其实也指向了贝克特自己的作品。画家拒绝描绘"原始的关系"，如果翻译成文学这一媒介就是拒绝去描写（就像贝克特自己所说的那样），这是对语言纯粹的不及物性的坚持，预示了语言与事物之间、内部与外部之间"不可能重新连接。"在关于范·维尔德的简短"对话"里，艺术和失败之间的这种联系被高度提炼，可以说是成了一句警世名言："成为艺术家就是失败，因为再没有其他人有勇气失败。"[②]

将这两封信放在一起，包括其他地方的一些类似的话语，我们可以清楚地看到贝克特在中年时期的动摇如何激发了他所谓的"伟大的拒绝"。在他的信中，贝克特一次又一次地将"减少"自己的想法与时间的流逝联系起来，反复使用他所说的"20年前的规定"作为中年的衡量标准（我们还记得，艾略特也是用完全相同的时间，即两次世界大战之间的20年来定义自己

---

① 1949年3月9日塞缪尔·贝克特写给乔治·达特休的信，载于《书信集（1941—1956）》，第140页。

② 贝克特《三个对话》，第125页。

的中年）。矛盾的是，随着贝克特削减自己的想法，他的创造力反而增强了："我的力量正在减弱吗？好吧，这样我的腿就不用那么痛苦了。任何减轻我负担的东西，从我珍贵的记忆开始，都会让我更加接近它。"①

不过，贝克特的作品又如何呢？那些他创作的作品本身，而非他关于写作的理论是怎样的呢？他在40岁出头时，进入了一个前所未有的充满创造力的时期，这并非巧合。当时他患有帕金森病的母亲正在慢慢走向死亡。上文引用的这封信，足以证明贝克特的孝心与他无法写作又强迫自己写作的矛盾之间的关联性。"要表达的即是无可表达，没有用以表达的工具，没有产生表达的主体，没有表达的能力，没有表达的欲望，也没有表达的义务"，然而如果说这种矛盾的变化使得他在1947年5月至1950年1月间爆发了一波"写作狂潮"，这也是因为他找到了能够表达自己的新语言：法语。②贝克特的中年转折不仅是认识论上的，也是语言学上的。

毫不夸张地说，战后语言的改变在很大程度上改变了贝克特的美学。在20世纪30年代，他曾想过用各种语言进行写作，尤其是德语。事实上，他曾用德语写过一封非常有力量感的信，信中他描述了"语言在我看来就像一层面纱，为了触及隐藏在它背后的那些东西（或者隐藏在背后的空无一物），人们不得不撕开它。"③这些想法预示了战后他将写作语言换成法语的转变。评论家们不厌其烦地说，这是由于乔伊斯在英语写作上已经丰富到了极致，贝克特是为了逃避这压倒性的影响。当然这也标志着贝克特试图进行"无风格"的写作，或者至少是尝试一种新的，避免过度修饰和辞藻堆砌的写作风格。

但从更广泛的角度来说，这种转变也可以说是贝克特对在母亲的卧室里获得的中年顿悟的回应。拥抱法国，其实是放弃爱尔兰的一种方式。将自己

---

① 1949年3月2日塞缪尔·贝克特写给乔治·达特休的信，载于《书信集（1941—1956）》，第133页。
② 贝克特《三个对话》，第103页。
③ 1937年7月7日塞缪尔·贝克特写给阿克塞尔·考恩的信，载于《书信集（1929—1940）》，英文版第518页，德文版第513–514页。

投入到成年的新语言中，是一种从童年的旧语言中解脱出来的方式。矛盾的是，如果说这种距离是重归童年的先决条件，那么也正是这种距离赋予了他新的作品无比强大的力量。这种依靠自己的力量拯救自己、逃避自己的感觉，在某一点上产生了共鸣，成为标准的贝克特式"情节"，即饱经挫折的旅程。贝克特在1947年到1950年间写下的主要作品，三部曲的三卷（即《莫洛伊》《马龙之死》和《无法称呼的人》）和《等待戈多》，都以不同形式呈现了这个基本的结构：谁也不在，也无法去到任何地方。然而，这种静止状态，在真正的贝克特风格中，产生了它自己的流动性。《等待戈多》的开篇词"毫无办法（nothing to be done）"，既可以用听天由命的被动语气来读，也可以用斩钉截铁的主动语气来读。用困扰20世纪诗学的卡夫卡的话来说：我们应该做的，就是什么也别做。①

从莫洛伊试图回忆他是如何进入他母亲的房间，到被困在罐子里的那个无法称呼的叙述者，再到那个从花瓶里发出的声音，散文三部曲产生了一种归谬反证的效果。这一系列戏剧是对笛卡儿主义的效仿，戏中的主角们无法正确衡量年龄给他们带来的身体与心灵之间的裂痕。首先是莫洛伊，他拄着拐杖在森林中一瘸一拐地前行，在他身上可以看到但丁和笛卡儿的影子。他来到了森林中间的十字路口，却无法听从笛卡儿的建议（基于笛卡儿《谈谈方法》(Discourse on Method)中所提出的"临时道德规条"）保持直线前进，因为拐杖让他不停地画着圈子。然而，他仍然觉得有必要继续前进。同样的，被派去寻找他的侦探莫兰，在根本不知道他要去往何方的情况下，盲目地出发了。在他叙述的结尾，绕了个圈又回到了他报告的开头，只是这一次都变成了否定。（"当时是午夜，雨点敲打在窗户上。当时不是午夜，也没有下雨。"）②整个谜题变成了关于叙事意志的表演。

从这个意义上来看，三部曲可以被理解为一种想要打破中年僵局的尝

---

① 引自西奥多·阿多诺《卡夫卡笔记》，载于《棱镜》，塞缪尔和谢里·韦伯译（马萨诸塞州剑桥，1983年），第243–271页，此处引自第271页。
② 塞缪尔·贝克特《三部曲：莫洛伊，马龙之死，无法称呼的人》（伦敦，1973年），第176页。

试。一旦我们登上了人生的巅峰,我们如何继续前进?我们一定还要继续前进吗?"我不知道,我永远也不会知道了。在没有答案的沉默中,你必须继续,我不能继续了,可我还会继续。"——《无法称呼的人》这一段广为流传的结束语,在贝克特这一时期的作品中以各种变化形式反复出现,总结了他解决中年僵局的办法。①无论是进步还是衰老,不断前进是继续下去的唯一途径。尽管贝克特在语言和文学方面高度精通,但是他真正的天才之处在于他坚持不懈的决心,他将重复的手法提高到了存在主义的高度。

将这一决心转化为他的写作技巧,主要的体现之一就是反复强调动词时态的手法。在20世纪40年代末和50年代初,这一期间贝克特的作品的特点可以被称为"炼狱般的现在时"。他的散文和戏剧,都是用现在时进行叙述,正如上文引用的三部曲的结束语,将现在延续为未来,推迟了未来降临的时刻。这反映了贝克特在这一时期标准写作手法的形成绝非偶然,夹在儿时的记忆和可预见的衰老未来之间,中年被困在永恒的炼狱中:"我的生活,我的生活,现在我说它是一件已经结束的事,现在又说它是一个还在继续的笑话,其实它两者都不是,因为在它结束了的同时它还在继续,有什么时态可以表达这种状态?"②莫洛伊的迟疑不仅仅是他身处中年时代的犹豫不决,更确切地说,其实是身处中年的作者的犹豫不决。

《无法称呼的人》中的那个声音,是脱离肉体、被简化到最低限度的意识体现。就像是作者的一个寓言,探索了在被限制的情况下,他能够确定和不能确定的事情。在典型的贝克特式手法中,声音是永恒不变的,它的存在只是为了讲述它自己的无用。如果说老年的贝克特被"盛名所累(*damned to fame*)"(诺尔森撰写的贝克特传记的标题),那么中年的贝克特注定要活在当下,徒劳地寻找着前进的道路。他对时态的高度关注,进一步强调了他在自己的意识中是一座孤岛。为了表明这一点,那个声音告诉我们:

---

① 贝克特《三部曲》,第418页。
② 出处同上,第36页。

我需要一根棍子或杆子，以及使用它的方法……顺便说一句，我也可以使用将来分词和条件分词。然后我就可以将它像标枪一样，直直地插在我的面前，通过发出的声音，我就可以知道，包绕在我的周围、遮住了我的世界的，到底是旧时的空虚还是压力。①

这里以诙谐的口吻引用了公元前1世纪的诗人和哲学家卢克莱修在《物性论》第一卷中证明宇宙无限性的著名理论（发射到太空中的长矛，要么被反弹回来，要么一直飞下去，无论哪一种都证明在太空中有东西存在），激起人们对于永恒之现在的眩晕感，隐现在未来的黑暗和有条件的可能性之中。②走在人生中途的作者，正在探索这条路到底有多远。

这条路已经走了多远？贝克特中年时期的边缘或许可以在1961年首次以法语出版的作品《是如何》（*How It Is*）中找到。母亲去世后，贝克特继承了一笔钱（这无疑也是中年的一个标志），他在马恩河畔的乌西村买了一栋不起眼的房子，离喧嚣的巴黎市区大约一小时路程。1958年12月（当时他50岁出头），贝克特开始写《是如何》，这部作品被认为是综合了早期三部曲的风格和声音的集大成者。不仅故事情节消失了，标点符号也消失了，只留下一个无名的人物在泥泞中漫无目的地爬行，在一个对话气泡中间"气喘吁吁"。现在时态变成了时态的现在，炼狱变为了地狱的尽头，剩下的只有"这种孤独，当有声音说道它是唯一活下去的方式"。③

值得注意的是，这部小说的法语原版被命名为"Comment c'est"，这是一个无法翻译的双关语，也可以被理解为祈使语态的"开始（Commencez）"（或者也可能是动词不定式的"Commencer"）。开始的可能性，以及重新开始的可能性，就这样萦绕在当下，仿佛只是一个遥远的回声。贝克特的声音

---

① 贝克特《三部曲》，第302页。
② 参见卢克莱修《物性论》，马丁·弗格森·史密斯译（印第安纳波利斯和剑桥，2001年），第29页。
③ 塞缪尔·贝克特《是如何》（伦敦，2009年），第112页。

勾勒出，"有两种可能性，一种是现在，一种是从现在结束的地方开始"。①然而，这种可能性只是作为一种听觉幻象存在，过去、现在和未来在这种幻象中融合成一个声音："或者一切都开始了，生活开始了，你将变成施害者，你将拥有你的旅途，你将变成受害者，你将拥有两种生活，三种生活，你过去的生活，你现在的生活，你未来的生活。"②

与早期三部曲的行文相比，贝克特的叙述能力似乎有些退步。他被困在自己的中年，就像被困在泥泞中。就像贝克特的其他许多作品一样，《是如何》需要进行寓言式的解读，它描绘了人类盲目地四处乱晃的处境，不知道自己从哪里来，要到哪里去。但是，心理角度的解读同样重要。我们既是生命之力的主体，也是客体，既是"施害者"，又是"受害者"。原文使用的法语词"bourreau（施害者）"和"victime（受害者）"来自波德莱尔，这位19世纪诗人有句著名的诗句"伤口和刀子……屠夫和祭品"（*la plaie et le couteau… et la victime et le bourreau*）。③在生活的混沌中，我们通过回忆过去、憧憬未来而折磨着自己。

贝克特在此处描绘了中年之旅的起点。他笔下的叙述者在地狱的泥沼中挣扎，似乎注定要永远停滞不前，受制于自身无法控制的野蛮力量。这种中年景象，虽然冰冷无情，却也具有启发性。它告诉我们，只要我们有勇气去追求想要的中年景象，我们就会成为相应的人。"我觉得自己老得这样快，好像一夜之间白发苍苍，"贝克特在《莫洛伊》中写道，"而我所看到的更像是一种崩溃，那一直保护着我、使我免于变成我注定要成为的那种人的一切陷入了疯狂的崩溃。"④随着我们一步步深入中年，与直觉相反，贝克特鼓励我们去做的是去加速这种崩溃，拆除我们用生命的前半程所建立的墙，以便接近我们真实的、内在的本性。当然，这需要勇气，需要我们中罕有人拥有的那种坚定不移的严谨。然而，只有接受了这一切，我们才能重新开始：

---

① 塞缪尔·贝克特《是如何》（伦敦，2009年），第115页。
② 出处同上，第112页。
③ 查尔斯·波德莱尔诗作《自惩之人》，载于《恶之花》（巴黎，1857年），第123–124页。
④ 贝克特《三部曲》，第149页。

"是如何"就是"开始吧"。引用传统上被认为是贝克特所说的一句话:"当你身陷困境,除了唱歌别无他法。"

二

我第一次读到贝克特的三部曲是在我快30岁时,那是在圣诞节后去那不勒斯的家庭旅行中。我的岳父整整一个星期里都怒气冲冲(这并不罕见,但是当我们和他一起被困在一个又小又吵闹的旅馆中时,就特别令人难受了)。我们在这座城市的各种博物馆里游逛,他几乎一刻也不许我们停下来,哪怕是喝杯咖啡的时间。他总是不满地催促着我们穿过西班牙区的狭窄小巷。在卡波迪蒙特的一场盛大的卡纳瓦乔展令人难忘,主要是因为排得老长的队列,以及岳父拉得比队列更长的脸。对庞贝的主要印象则是恶劣的天气和比天气更恶劣的心情。即使是去卡普里岛的乘船旅行也没有缓和气氛,我们在阴沉的海水上前后颠簸,就像一次次遭受可悲谬论的打击。这并不是一次成功的旅行。

在岳父的雷霆怒火中,贝克特散文的片段拨开了乌云。每一条真理都有它的龙头,每一种毒药都有它即刻起效的解药,而《无法称呼的人》那躁动不安、充满质疑的节奏让我在圣诞节的混乱中保持了理智。我们阅读一本书的时间地点和它对我们的意义之间的联系,是现代文学中一个伟大的、尚未被探索的话题,这在很大程度上是因为它与个人的经历相关,很难被普遍化。然而,这是我们如何看待艺术的基础,并且通常是以一种半意识的方式起作用。例如,我们在看到某些作品或者回想它时,能够与我们需要和渴望的东西联系起来,对于这些作品我们更容易产生好感;而我们可能会不太喜欢那些让人感觉自鸣得意的作品。我透过那不勒斯的记忆形成的棱镜来看待贝克特的三部曲,这其实是偶然事件,但也是我对这部作品的感受的核心;其他人可能会将它与别的地方联系起来,最常见的应该是都柏林。我们对艺术的感知是主观的，也就是说它受制于我们无法控制的环境。

在那不勒斯的新年，贝克特别无选择地沐浴其中的那缕阳光，与遥远的中年时代相比显得大相径庭。在我20多岁的时候，我一直在寻找顿悟的时刻，寻找转瞬即逝的美丽片段，希望这些片段能够在某种程度上推动我继续追求人生的意义。我手中的那本三部曲，写满了洋洋洒洒的注释，让我所寻找的意义突然清晰地浮现，那些画在空白处的许多圈圈和双重标记证明了这一点。贝克特的散文无疑很适合这种阅读方式，因为它往往是在冗长、含糊的段落中穿插着的清醒时刻所构成，在黑暗中发出光芒，就像"秘密的桶里有着很多通气孔"。①

然而，在我40多岁时重读三部曲，让我印象深刻的却是贝克特对寻求这种意义或进步的可能性的拒绝，他始终专注于静止而非运动。莫洛伊在原地打转，莫兰永远也找不到他；马龙死了；而那个无法被称呼的人的声音仍然留在他的花瓶里：他们都无法去到任何地方，这正是构成他们的定义。这种情感转变的时刻是非常少见的，甚至可以说是偶然事件。它们意外降临在我们身上，是完全不受我们控制的恩典。在母亲的卧室里获得的中年启示让贝克特意识到了这一点，他似乎得出了一个结论：与其与这种力量斗争，不如让自己放弃这种主观能动性。我们能够期待的最好结果，就是静止的恩典。

这种中年谦逊有着相当直观的吸引力，一部分是因为它既是一个伦理问题，也是一个美学问题。我敢说，凡是读过贝克特的作品，甚至读过关于贝克特的文章的人，都会被他的艺术和道德操守所打动。他并非圣人，许多事情都证明了这一点，但是他对人类这种寒碜赤裸的两脚动物②在身心上遭受的苦难具有异于常人的敏感性。他的散文是如此柔和，他的句子是如此优美，让人很难不沉迷于他朴素的美学。他的简化风格令人上瘾。

问题是，这个"无为"的指令过于强势。当"不做"变成了一种新的行为方式，当"不写"变成了一种新的写作方式，会发生什么呢？很明显，贝

---

① 贝克特《三部曲》，第125页。
② 出自《李尔王》第三幕第4场。——译者注

克特自己直觉地发现了这个问题：在一篇探讨"关于否定的语言"[①]的专题论文发表后，贝克特突然得出结论，"但我要开始写作了"。在完成了三部曲后，他开始觉得有必要超越单纯的否定："我看到自己正在远离贫瘠和赤裸的想法。它们仍然是最高级的。"[②]在这方面，简化的逻辑就是颠覆自我。

因此，非常重要的一点是要理解将贝克特式否定神学（*via negativa*）作为中年典范的局限性。这种局限性当然是美学上的——人们只能在失败远未变为成功之前庆祝失败；只能在一切陷入沉默之前闭嘴才有意义——但同时也是道德上的。因为中年极简主义的最大危险就是获得一种反其道而行之的骄傲感，一种获得了他人没有的、对人类状况的特别洞见的感觉。别人都在变胖的时候，一个人告诉自己，我变瘦了；别人都想要更多，而我想要更少；当别人都在走下坡路——这可能会让人想到米歇尔·奥巴马——而我在走上坡路。

这种例外主义可能是一种最阴险的傲慢，知识分子尤其可能拥有这种傲慢。随着年龄的增长，我们小心翼翼地让自己显得严肃、克己和"谦虚"，把谦虚当成一种荣耀的象征。艾略特在《大教堂谋杀案》中，通过第四种诱惑的形象深刻地捕捉到了这种傲慢。贝克特大主教能够轻松抵挡前三种诱惑，因为它们只能带来物质的、世俗的快乐。然而，第四种诱惑却精确地找到了他的弱点：骄傲。贝克特想成为牺牲者，以证明他是正确的："最后的诱惑就是最大的背叛：为错误的理由做正确的事情。"[③]

类似的，中年极简主义——扔掉所有的东西，拒绝所有的成就，重新开始——也可能是基于错误的理由鼓励一种走向衰老的正确方式。对自身的迷恋，导致否定变成了自恋，因有意识培养的自卑而产生优越感。当我们开始宣扬自己的谦卑时，无私就变成了自私。虚假的失败变成了一种拙劣的时尚美

[①] 1948年8月11日塞缪尔·贝克特写给乔治·达特休的信，载于《书信集（1941—1956）》，第98页。
[②] 1950年4月6日塞缪尔·贝克特写给乔治·达特休的信，载于《书信集（1941—1956）》，第195页。
[③] T. S. 艾略特《大教堂谋杀案》（纽约，1935年），第44页。

学，仅仅是一种为了追求时髦所需的姿态。简化自己，说起来容易做起来难。

简而言之，过分沉溺于自我是中年人的通病。自我意识、自我否定、自我怜悯：共同的前缀说明了问题所在。光是写下它，就有让人变得自恋的风险，导致痴迷自我的螺丝刀进一步拧动。中年知识分子告诉别人，他们珍惜的所有东西——成功、地位、孩子——都是不值得拥有的，或者至少拥有了还不如没有，这多少有些荒谬。区别不仅仅在于语义，"undo"的两种含义——还未完成，和已经完成了但现在被消除了——正代表了青春期和（贝克特式）中年时期的两个斜坡。如果不加以区分，就等于侮辱了那些还没有机会取得任何成就、更不用说抛弃这些的人。

那么，我们要如何才能接受中年极简主义，又不受它的束缚呢？我们如何抵抗第四种诱惑？或许最好的防御方式就是记住我们并非独自变老。我们和周围的人一起变老，我们不应该抹去那些和他们一起做过的事情，这是我们的责任。贝克特的减法诗学，可能看起来是一种崇高的美学模式，但是如果它既贬低了自我，又贬低了他人，那它在伦理学上就值得怀疑。文学不是生命。不管某些理论家如何反驳，没有文学，人们也能活得很好，也能逐渐变老。我们不应该错误地从自身的特殊利益出发过度外推。

那么，或许我们应该将简化的逻辑应用于简化的文学。一切都应该适度，包括"适度"本身。极简主义也最好小剂量使用。很少有人能像贝克特那样庆祝失败，因为很少有人了解乔伊斯的成功。如果贫瘠和赤裸"仍然是最高级的"，那么在中年时代，我们或许可以更好地应用比较级。不要认为中年是最老的，只是更老了一点——比我们自己更老了一点。从贝克特的例子中学习，并不意味着要复制贝克特的例子，而是用它来反思我们生活中的哪些方面应该被放大、哪些应该被弱化。我们能从他的战后时期学到的最重要的东西，并不是他找到了一种将一切（风格、句法甚至情感）简化到最低程度的办法，而是他在人生道路的中途找到了自己的路。简而言之，我们可以从塞缪尔·贝克特的生活和作品中学到的是，人到中年就是再试一次、再失败一次——就算不能失败得更好，至少失败的人更老一点了。

X

从盛年到老年：
如何挺过更年期

一

人们常说,第二次世界大战后出生的那代人中了人生的大彩。战后婴儿潮一代拥有了一切——安全、繁荣、机遇,他们也大胆地充分利用着这些资源。他们的形象塑造了充满特权与偏见的21世纪。然而,在战后这代人接管世界之前,停战的最直接受益者是他们的父母。那些战争的幸存者们发现,这个充满一切可能性的新世界落到了他们的手中。他们曾踏上过死亡的道路,如今又在人生的中途,能够尽情地重建这个只想忘掉刚刚发生过的一切的世界。苦难、饥饿、侵略都已成为过去,成为那个已逝去的时代的一场噩梦。20世纪40年代的中年意味着要去掌控未来。

然而,这也不过是对男人而言。尽管两次世界大战给两性关系带来了诸多变化,但不论在个人、职业还是创造力方面,大多数时候仍然仅有一半的人能追求所谓的中年成就。不过,多少还是有些进步的。第一次世界大战使得女性被赋予政治选举权(在英国,凡满30周岁的女性从1918年起拥有了选举权,并在1928年,所有妇女都拥有了平等的选举权;1919年的美国也赋予了女性选举的权利),第二次世界大战又让女性获得了选择职业的权利。当男性奔赴前线时,前所未有的大量女性投身到工作之中。就连西方国家当中在性别平等方面最为顽固的法国,也终于让步,女性们在1945年4月首次参与了选举投票。伴随着同盟国的全面胜利,以及从40年代至70年代黄金30年的和平，这些进步不仅取得了经济保障，还有社会保障。机遇平等的时代拉开了序幕。

但不言而喻的是，人们心态的改变是无法一蹴而就的。男人继续——当然未来也会继续——掌握着职业、政治以及学术的话语权。仅举一个例子，在历史长河中几乎只有男性会拥有精神生活，仅仅因为男人希望如此。中年，尽管瑕瑜互见，也是一种历史的缩影。就像本书中所展现的那样，不论是好是坏，中年的意义绝大多数情况下都是由男性作家和思想家决定的。既然如此，从某种意义上来说，我们现在必须重新思考目前为止所习得的一切；或者至少也应该回过头来，以一种女性的角度重新审视。作为一名中年女性，并以一名中年女性的身份向千百年来的男性霸权宣战意味着什么？取得自己中年的进步又意味着什么？

在提出这个问题时，我们可以试着追本溯源。莎士比亚的妹妹朱迪思[①]是弗吉尼亚·伍尔夫笔下一个著名的想象角色。朱迪思最终自杀了，但她的灵魂却又回来鼓励当今的女性们坚持自我。当伍尔夫思考着朱迪思的命运，我们也可以这样问道：假如但丁有个妹妹，发现自己在"人生的中途"[②]，她又会经历怎样的命运？维吉尔还会在中年的幽林中守护她的安危吗？她会找到走过层层中年世界的道路吗？残酷的现实是，旦汀小姐永远也无法有意识地在中年找到自我，只因从最开始，她就不被允许走上自己的道路。在典雅爱情的传统中，女性能够承担的角色屈指可数。贝阿特丽切之所以只出现在天堂的门槛上，是因为她从一开始就没有完全存在过。如果说她的内心似乎从未成熟，因为当但丁初次邂逅她之时，她才只有9岁，内心的确尚未成熟。而但丁一生中只见过她一次。这也体现了，比起活生生的人，贝阿特丽切更像是一种形而上的抽象概念。比起一个个体，她更像一种思想。中世纪的女性不可能有中年，因为她始终是一个远在天边的客体，而不是

---

① 弗吉尼亚·伍尔夫在随笔《一间自己的房间》中假想过，倘若莎士比亚有个名叫朱迪思的妹妹，她是否会成功地走上莎翁的人生。——译者注
② 弗吉尼亚·伍尔夫《一间自己的房间》（伦敦，1929年）。

一个充满生机的、具体的主体。一言以蔽之，她被当成一个孩子，在神曲和人间喜剧的舞台上，都只能藏身于幕后。女人不被允许长大，更不用提衰老。

既然如此，那么捍卫衰老的权利就是女性主体独立的重中之重。我们看到，在19世纪，随着工业化改变了两性关系，改变了绝经女性还能度过的时间（至少对那些有足够家产的人来说），她们捍卫衰老权利的过程开始加速。这些改变不可避免地带来越来越多的自主性（包括越来越多的婚外情）。"新时代的女性"也是刚步入中年的女性。即便如此，女性也是在男性制定的规则下，在男性主导的家庭和婚姻的资产阶级制度下觉醒中年意识。直到20世纪，西方的女性才开始获得衰老的自主权。

战后的乐观主义情绪下，有一名女性在决定这种自主权的过程中扮演了至关重要的角色。当战争结束时，西蒙娜·德·波伏娃（1908年—1986年）年近40。战前，她接受了最为经典的法国教育，又在许多所知名的中学执教。在通过法国哲学教师资格考试时，她在大学排名里位列第二，仅次于让-保罗·萨特，这个男人将来会成为她一生的伴侣。20世纪40年代末期，她开始出版自己最早的几本小说作品，并且在《模棱两可的道德》（*Pour une morale de l'ambiguïté*）（1947年）等文中逐渐形成存在主义思想。日后，她与萨特将会成为存在主义的代名词。更值得一提的是，她也开始思考身为女性的意义所在。

让波伏娃一举成名的作品创作于她将近40岁之时。也正是在同样的年纪，在乔治·米勒·比尔德所说的神秘的39岁，艾略特皈依英国国教，贝克特转向法国极简主义。这不仅仅是他们生平经历的巧合。波伏娃开始感受到衰老，开始离那个标准的"理想"年轻女性渐行渐远，她绝大部分有关女性屈身为"第二性"的论述都受到了这种心态的影响。《第二性》写于第二年龄段的视角，而这个年龄段就像其他任何事物一样，很大程度上由男性的看法所决定。借用波伏娃那句名言来说，即：人并非生来就是中年女性，而是后天成长为中年女性。

波伏娃在创作《第二性》（1949年）期间的自我意识，可以从她的自传当中构建出来。四卷自传中的第二卷《岁月的力量》（*The Prime of Life*）（1960年）讲述了德国占领下的战争年代，她以自己长久以来对死亡的恐惧为此卷画上了句号。这种对死亡的恐惧可以在第三卷《事物的力量》（*Force of Circumstance*）（1963年）中找到呼应，这一卷描述的是她步入中年的生活。死亡的阴影开始隐现。她在开篇回忆，自己曾经在一场自行车事故中丢掉了一颗牙齿，并决定不再用假牙补上。"有什么用呢？……我已经老了，已经36岁了。"①伴随着书中波伏娃对她一生的回忆一点点展开，这种苍老感在她的回忆中反复浮现："40，41，年龄在我体内增长着"；"41岁时，我已沦落至幽冥之地。"②在结尾处波伏娃写道："自打1944年起，我经历过最重要、最无法弥补的事就是……变老。"③她随后的研究《论老年》（1970年）正是她数十年来自我观察得出的必然结果。

衰老是一种基本的生理变化，也会带来一种逐渐被边缘化的心理变化，正像她从35岁之后开始的倒计时所显示的那样。除此之外，更吸引我们的问题是，她步入中年的感受是如何影响着她的作品的。生理又是怎样影响着人生的进程？她在《事物的力量》开篇抛出一种对自己人生的积极的、甚至是告捷般的评论。她在前言中写道："重点不再是教育自己，而是成就自己，"不久之后又声称，她觉得自己现在已经"在短暂的幻觉中，调和了年轻与衰老之间相悖的特权"。④然而，当1946年的夏日来临，她又再次受到焦虑的折磨。她认为这种焦虑并非来源于战争的余波，相反，"这些危机是在我向衰老屈服、走向终点前的最后的反抗。"不言而喻的是，这些中年时期的危机也明显与写作的危机息息相关——也就是作家的瓶颈期。此刻的波伏娃在奋力实现"在那之前一直想从写作中获得的东西：一种在冒险的同时又超

---

① 西蒙娜·德·波伏娃《事物的力量》。理查德·霍华德译本（伦敦，1965年），第19页。
② 出处同上，第177、291页。
③ 出处同上，第669页。
④ 出处同上，第5、17页。

越自我的感觉,那种近乎信仰般的喜悦感"。①她想要从生活中获得的自主感——那种体现存在主义精髓的、书写自己人生的能力——被她对衰老的恐惧逼入绝境。生理,阻碍着人生进程。

显然,作家的中年瓶颈期对波伏娃来说意味着特殊的考验,因为它威胁到了她所建立起的哲学广厦。关键是,她的哲学思想正是建立在不断自我塑造的基础上。存在主义反感停滞不前:"那些停滞于困境的人们常常认为自己很幸福,而幸福在于静止不过是他们的借口"。她在《第二性》的序言中如是写道:"我们反对这种观念,因为我们采用存在主义的伦理观。"②波伏娃在衰老的问题上既持有女权主义,又持有存在主义观点,理解这一点尤为重要;或者更确切地说,她的女权主义本身就是一种存在主义。如果真如萨特所言,"存在先于本质",那么衰老便是一个典型的存在主义哲学话题。从盛年(《岁月的力量》)到老年(《论老年》),存在主义的根本就是认识到我们是如何衰老的。想要存在,首先要成长。

波伏娃认为对女性来说尤其如此。她在《第二性》中就提到,"女性不是一种已完成的现实,而是始终处于成长的过程当中,也正是在成长之中她才能与男性抗衡。"③她认为,女性不被允许像男性一样达到彻底的成熟,因为成熟需要一种早已将她们排除在外的自主性。于是,波伏娃决定活得像个男人,或者更准确地说,不像一位"淑女"那样生活:她反对自己一直以来所接受的资产阶级天主教教育,还为了全心投入工作,拒绝抚养子女。她与萨特保持着一段不以"婚姻"为目的的开放式关系,也随性交往过情人。在当时那个世纪,战后的法国在性别角色方面还保留着传统的观念,她的行为(或者更确切地说,她坚持公开谈论自己行为的做法),为整个西方世界追求思想自由的女性开辟出了一条前行的道路。

然而,尽管她秉持着解放女性地位的主张,波伏娃对中年的理念恰恰诞

---

① 西蒙娜·德·波伏娃《事物的力量》。理查德·霍华德译本(伦敦,1965年),第137页。
② 西蒙娜·德·波伏娃《第二性》,H. M. 帕什利译本(伦敦,1993年),第59页。
③ 出处同上,第35页。

生于她与男性的关系。她的女权主义绝非是那种否定异性的主张。正相反，她试图通过扮演男性的角色，去彰显自己的女性身份——缓解中年危机最为"男性化"的方式无非就是另求新欢。波伏娃与萨特终生保持了灵魂伴侣的关系。正是萨特将"海狸（beaver）"一词翻译回法语，给她起了那个众所周知的绰号"castor（法语的海狸）"。包括与萨特的感情在内，波伏娃将两段对她来说最为重要的性关系视为驾驭时间的方式。当她与美国小说家纳尔逊·艾格林（Nelson Algren）的婚外情走到了尽头，波伏娃装作漠不关心的样子，却很快流露出一丝自怜：

"好吧，就这样吧。"我自言自语。我甚至无法再去回想与艾格林幸福的点点滴滴……好像我的年龄与生活状况都无法让我再容纳一段新感情。也许因为骨子里的自尊，我的身体很容易就适应了，别无所求。但我的内心却无法忍受这种漠然。"我再也无法在他人温暖的拥抱下入睡。""再也无法"是一声多么响亮的丧钟啊！当我意识到这些事实，沉浸于其中，我感到自己快要溺亡……我突然发现，自己站在某条分割线的另一边，即便我从未在某个时刻跨越过它。①

此刻，就算波伏娃不愿承认衰老是一种身体上的损耗，她也不得不屈从于衰老所带来的心灵的空虚。这就轮到了笛卡儿出场。感情走到尽头时的懊悔，激发了波伏娃的内心早于肉体的衰老。这与那种肉体先于内心衰老的标准笛卡儿式割裂感（"内心中我仍觉得自己只有20岁"）恰恰相反。这位衰老的哲学家此刻不再停留在中年了。她已经超越中年，来到了分水岭的"另一边"。

面对中年危机，波伏娃做出了男人们总会做出的举动：她找到了一位更加年轻的新情人。在他们相遇之时，克劳德·朗兹曼年仅25岁左右，比波伏

---

① 波伏娃《事物的力量》，第266页。

娃小了大约17岁。这也是他吸引波伏娃的主要因素:"有朗兹曼在我身边,让我摆脱年龄的困扰。起初,它驱赶了我的焦虑……而后,他的参与重新唤起了我对一切的兴趣。"[1] 波伏娃与朗兹曼的邂逅,除了一反中年男性觊觎年轻女性的陈词滥调,也引出了一个中年未被关注的方面,或许我们可以将其称为好奇心的数量论。就算波伏娃这种饱经世故的人,也只能经历有限的人生,周游有限的国度,探讨有限的政治立场。她前脚刚踏入40岁,就感觉自己不再有"新颖"的经历:"我更关注于掌控、深化、完满自己先前的经历。"然而对于年轻的朗兹曼来说,他经历的绝大部分事情对他来说都还是新鲜的,这也就意味着他能够帮助他的伴侣尝试重新开始、更新自我。透过他的眼睛,波伏娃已经"平静的"好奇心再度变得炽热。她在后来写道:"我还没到年老的时候,他为我阻挡了衰老的来临。"[2] "海狸"已然摇身一变,成长为了一只"美洲狮"[3]。

用"美洲狮"形容与年轻男子交往的女性究竟起源于何处,人们众说纷纭,不过大部分人认为它起源于20世纪80年代的加拿大。19世纪末期,人们刚刚开始定义一个新的女性类别——中年女性,这为美洲狮的出现奠定了基础。尽管如此,直到最近它才在流行文化中显现。换言之,直到最近,流行文化才开始接受这种没有被婚姻阉割的中年女性的性观念。当然,对于那些垂涎年轻女子的男性,一直都有一个描述他们的词语,那就是"男人"。但在之前,从来都没有反过来定义过这样的女性。

毋庸置疑,用一个词总结这个长久以来的忌讳的原因就是:更年期。千百年来的男权统治表明,女性步入中年后显然丧失了一切性价值。长久以来,男性主导的社会一直认为,超过生育年龄的女性不再对性感兴趣。那么,波伏娃之所以对更年期如此感兴趣,不仅因为这是一种典型的女性体验,更是由于女性不再是"女性"的那一刻,考验着她的存在主义伦理学。

---

[1] 波伏娃《事物的力量》,第297页。
[2] 出处同上。
[3] 形容追求年轻男子的中年女性。——译者注

其实，更年期中的女性不再是第二性，而是第三性："她们既非男性，又不再是女性"①。中年的心态亦即中年的性别。

从历史上讲，这种第三性几乎不存在。在早期现代中，男人就拥有了7个阶段，而女性能拥有3个阶段（像1540年代汉斯·巴尔东的寓言画作中那样）就已经值得庆幸了。巴尔东的画作中最引人瞩目的，是那些缺失的东西。在年约20的年轻女性与年约60的老妇人之间，并没有40岁左右的中年女性，缺少了中年的呈现。女性特质的三种可能模式似乎就是孩提阶段、生育阶段以及老年阶段。其中并没有但丁所说的中年成熟之人（*gioventute*）。用进化论的术语来说，女性的中年是缺失的一环。

鉴于这样的历史先例，难怪波伏娃对女性中年意义的探索始于这样的主张（在《第二性》的第20章中）："因为女性仍受到她的社会角色的约束，比起男性，女性自身的生平历史更加取决于她生理上的命运。"波伏娃认为，这种命运的起伏在不同性别之间差异迥然（或者换个词，这种差异是歇斯底里的）：

男性逐渐变老，而女性顷刻之间就丧失了女性特质；社会和她自己都把

◆ 缺失的一环：汉斯·巴尔东的《女人的三阶段与死亡》。创作于1541—1544年间。布面油画。

---

① 波伏娃《第二性》，第32页。

性吸引力和生育能力视为她存在的理由,以及她追寻幸福的机会;可当她失去这一切的时候,她还很年轻。她没有未来,却还有半辈子要活。①

从女权主义者的角度,这段话还有许多未尽之言。尤其是"社会和她自己"引出了一个问题:女性是否真的只能通过男性的凝视来定义自己。尽管如此,文字背后的观点是明朗的:对于男性来说,衰老是个缓慢的过程;而对于女性来说,衰老是突然的一记穿刺。

这种穿刺既是心理上的,又是生理上的,似乎很矛盾。更年期的女性察觉到了社会对她的眼光,于是向其靠拢,经历一种不寻常的"人格解体感":"这个镜中的老妇人,怎么可能是我!"②这种反应只表现在女性身上的原因尚且无从得知。诚然,男人也会感觉到外表的变化赶超了认知的"时差反应"。或许,二者之间的差别在于年龄对我们的影响。对男人来说,他们感觉到步入中年主要来自自己"到达某一人生阶段"的印象;而对于女人,这种感觉至少部分是来自外界,来自于他人的话语和他人的影响(该到了安顿下来,穿上适合你年龄的衣服,抚养孩子的年纪了吧?)如此看来,中年对女性来说意味着呈现出一种形象,那是她根据他人对她的成见所重塑的自我。要想以自己的方式度过中年,她就必须要背对着社会的镜子——就像此处照片中的波伏娃一样。

那么,当她步入中年之时,镜中的女子形象又会发生怎样的改变呢?如果说她收获了前所未有的精神价值,她的工具价值就将减少,因为她的目的(至少是潜在的目的)不再是生育。"我正站在镜子前,"破碎的女人喃喃自语,"我是多么的丑陋!我的身体是多么的难看!"③当然,男人也能对自己说同样的话:波伏娃的朋友,人类学家米歇尔·雷里斯在他的中年自传《成年》

---

① 波伏娃《事物的力量》,第605页。
② 出处同上,第610页。
③ 西蒙娜·德·波伏娃《破碎的女人》,帕特里克·奥布莱恩译本(纽约,1969年),第241页。

◆《镜中的老妇人》：西蒙娜·德·波伏娃，1965年。

（Manhood）（1939年）开篇，赘述了他在"人生的中点，34岁"时身体上的种种缺陷。但这些并不会像女性那样让他们（感知上）的社会身份认同受到影响[①]。也许这就是为什么对中年女性来说，创作有时会取代生育的地位："女性时常在更年期决定要拾起画笔或钢笔，去弥补自身存在的缺陷。"[②]

波伏娃或许对这种中年创作的尝试不屑一顾，并刻薄地认为她们永远也不过是"业余人士"罢了，其背后的原因不言而喻。在她看来，经历了几十年来随处可见的厌女情绪以及制度下的性别歧视的锤打历练，富有创造力的

---

① 米歇尔·雷里斯《成年》（Manhood），理查德·霍华德译本（伊利诺伊州芝加哥，1984年），第3页。
② 波伏娃《第二性》，第739页。

中年相当来之不易。《事物的力量》的后记中就列举了这个问题，作为对那些声称她的作品其实都是由萨特代写的恶意（男性）评论者们的回应，她马上将这个问题比作"时间的疹子"进行深入思考。波伏娃看到，对女性作家来说，这种疹子最让人难受的阶段就是中年：

在法国，如果你是一名女性作家，那只有受欺负的份。尤其是在我发表第一本书的年纪。你要是一位年轻的女子，那么他们会放过你，向你抛来玩世不恭的眼色。你要是一位老人，他们谦卑地向你鞠躬。但你要是过了青春的花期，胆敢在拥有受人尊敬的岁月的斑斑锈迹之前开口：那群人就在身后追赶着你！①

中年的女性既没有青春的风姿绰约，也没有老年的温文尔雅，她们面对陌生人的不友善，没有丝毫抵抗的余地。屈从与愤恨，嫉妒与敌对，在波伏娃看来这就是中年作家身为女性的命运。那么，这些中年女性作为作家的一面又是怎样呢？

中心词的转移提示了一种突破重围的办法。波伏娃在《事物的力量》结尾处写道："我一直生活在对未来的展望中，现在我又在回顾往昔。感觉当下就像是被遗漏了一样。"②假如生活真的发生在未来和过去，那么写作就是在弥补这段缺失的当下，把我们的注意力放在正在思考或者记录的事物上。写作，作为一种创作行为，确保了我们始终在成长的状态下，在奄奄一息的本质上主张充满生机的存在。这也是在波伏娃之前，坚持为女性发声的主要先驱者之一克莱特想要传达的思想。离婚之后，克莱特在50多岁时再次坠入爱河，之后写下了自己的中年作品《白日的诞生》（1928年）。这两位女性最突出的地方就是，作家"能够幸运地从他的僵化中解脱出来"。③

---

① 波伏娃《事物的力量》，第661页。
② 出处同上，第671页。
③ 出处同上，第671页。

然而，这种好运的代价却是特定性别的经历（正如上文的英文翻译中，男性代词所暗示的那样）。为了超越被波伏娃称为"内在性"的女性境地，她提出了时间的普遍消耗。她通过变得青春永驻来驾驭衰老，这就是把写作理解为永恒的当下的含义。除此之外，她还变得无性别，坚称自己不是一个女人，而是一位作家。更年期的"第三性"这一观念再次变为一种认识论意义上的优势——她既非男性也非女性，只是一位创作者。从青春的性客体化中解脱出来的中年女性，才有成为中年人的自由。

在波伏娃看来，更年期本身是一个悖论：它把女性的概念缩小到她的身体，以此让她从身体中解放出来。这种解决方式的问题是，它通过将中年女性的特有经历极度弱化，以此表明脱离实体的"作家"能充当一种中立、无性别的类别。或许这种想法本身并非不可取，但它在两种性别身上所施加的压力是非常不平等的。中年男子与女人不同，他们不会舍弃自己独特的男性中年经历——这也就意味着，实际上他们仍是"第一"性。当局者迷，旁观者清。

如果说波伏娃应对中年的方式中存在着个体与普遍间关系的对立，那么这种对立隐含在她所有的作品当中。作为一位作家，她坚持深刻的主见；作为一名女性，她试图将这种观念推广到女性的处境当中。作为一名存在主义者，波伏娃坚持个人经验至上；作为一名哲学家，她又试图将这种经历理解为典型的人类处境。她毕生的研究基于将自己视为独立的主权个体，但她也像我们其他人一样，在岁月的逼迫下认识到自我主权的局限性。在关键的中年时期写下有关女性的创作，使她摆脱了对自身的痴迷——"40岁之后，突然间发现这个世界上你从未留意过的、紧盯着的你的事物，是一件多么奇怪又刺激的事"——但也迫使她作为一个女人直面自己的衰老。[1]随着年龄的增长，她不得不放弃自己毕生追求的一样东西：掌控力。

当波伏娃50岁时，她开始害怕"被后人埋葬"[2]——毫无疑问我们都会

---

[1] 波伏娃《事物的力量》，第195页。
[2] 出处同上，第448页。

对此感到害怕。1960年离世的阿尔贝·加缪，1961年逝世的梅洛·庞蒂，许多朋友和同辈人的相继离世令她越来越不安："我所过的不再是我的生活，我觉得……我完全失去了对它的掌控。我不过是一个无能的观众，眼巴巴地看着这些未知力量的游戏：历史、时间还有死亡。"[1]对于存在主义者来说，这种被动的感觉是十分难以接受的，因为存在主义的本质就是坚持个体的自主性：我们是自己塑造出的自己。诚然，问题在于，后半生中我们开始被种种外力逐步摧毁，而它们正是从前的我们试图去改变的。自主变得愈发陌生。

与波伏娃在之后的《论老年》中分析的老年视角不同，中年视角的独特之处在于，它容许，也鼓励迟疑。我们仍能够掌控生活（比以往任何时候都更好地掌控着），但我们感到这种掌控力在离我们远去。我们仍有着未来，却开始感受到它的界限。波伏娃的这种迟疑感在她自传中一段非同寻常的话语里被展现得淋漓尽致。在文中，她坦言自己时常偷偷幻想自己的人生被一台巨大的录音机记录下来，终有一天她将倒带，回顾自己的一生。波伏娃的中年录音带不同于贝克特的"最后的录音带"[2]："我不知道自己是一个假扮大人的孩子，还是一名回忆起童年的年老女人。"[3]诸如幻想中的录音机、"假扮"中年的想法这些幻想元素，表明了中年在很大程度上是种概念，是一个连续体（或者用贝克特的话来说，一个"线轴"）。沿着它，人们能够选择在不同的时间把自己定位在不同的地方。更具体地说，录音机的巧喻，展现了一种与自传相似的一切尽在掌控的假象。"年近半百"之时，波伏娃既想提出问题，又想给出答案。如果她无法再续写未来，至少还能记录过去。

因此，中年取决于我们如何塑造它——这或许是存在主义者对中年的看法。但中年同样也取决于我们如何理解它——这或许是女权主义者对中年的看法。轮不到他人，尤其是男人，来决定人应当对衰老有怎样的感受。如果女人曾经被"通过他人而非她自己的行为来改变她的身体以及她和世界的联

---

[1] 波伏娃《事物的力量》，第601–602页。
[2] 指贝克特的戏剧作品《克拉普的最后一盘录音带》。——译者注
[3] 出处同上，第384页。

系"所影响，那么波伏娃提出了另一种女性自主独立的模式，它强调要像主体，而非客体一样去经历衰老。① 她自己成长为无比高产的女性作家的历程便是一种最佳例证，展现了应当如何反思中年，让中年成为普遍生活的缩影。对西蒙娜·德·波伏娃，也是对历史长河中的女性来讲，最重要的是要能够以自己的方式衰老。第二人生阶段中的"第三性"提供了首要原则。

二

  在中年什么是幸福？我们又该怎样衡量？随着我们的衰老，不光我们的目标和自我感受将发生改变，我们评估自己幸福指数的方式也会发生改变。一些先前让我们满足的成就似乎已经无法满足我们了。人生的幸福感也许是个U形曲线，但首先我们究竟该怎样度量幸福感还无从得知。幸福有太多的变量——健康、家庭、伙伴、目标感——一个量化的、通用的模型最多也只能涵盖这些。而我们需要一种展现它内在感受的模型。

  文学在此就扮演了举足轻重的角色。艺术的矛盾之处在于，小说中的虚构角色能够比真实的、有血有肉的人们更接近我们本身。跃然纸上的角色比现实中更加生动灵活，因为我们能够深入他们的内心世界。不论小说与现实有多大的出入，它帮助我们在意识的帷幕背后洞悉现实，带给我们无与伦比的近似于现实的体验。推而广之，这也意味着它同样可以带来一种近似于成熟的体验。

  很少有作品能像波伏娃的名作《名士风流》（*The Mandarins*）一样完整地体现这一视角。这部写于她40岁出头之时，出版于1954年并引起巨大反响（它赢得了当年的龚古尔文学奖）的作品，描绘了一批谈论战后时期时政——包括意识形态及性——的巴黎知识分子们的人生与爱情。尽管作者常

---

① 波伏娃《第二性》，第760页。

常并不承认自己作品影射了现实中的人物，但在作品中纪实的影子又显而易见。这部小说之所以畅销，多多少少也有这方面的因素。较年长的知识分子罗贝尔·迪布勒伊（Robert Dubreuilh）显然是萨特的化身，他的妻子安娜在书中是一位精神治疗师，扮演了波伏娃的角色。稍显年轻的亨利因他好斗的性格和《希望》（*L'Espoir*）杂志（原型为《战斗报》）主编的身份，让人不得不联想到加缪。他们一同争论艺术和政治，旅行，相恋又失恋，与对方的朋友和孩子上床——简而言之，沉浸在所有巴黎中产阶级中年人的特权当中。

你是否赞同《名士风流》中描写的算是美好的中年生活取决于你自己的喜好和性情，但无可争议的是，它比波伏娃自己的回忆更加丰富具体。在这个意义上，艺术比自传更胜一筹。想象中的中年生活比回忆里的中年生活更加生动。但这并非是一件理所当然的事情，因此这值得我们去思考其背后的原因。你手中的这本书基于人生与文学的结合，步入中年的作家们开始反思中年，以此为基础继续精进自己的艺术创作。小说（或是戏剧和诗歌）能够提供一系列的不同视角。除此之外，它还能够提供个人回忆不具有的替代认识论：我们可以通过写作进入另一种看待世界的视角。当然，我们也可以通过阅读进入其他视角，这正是本书的前提。不过，它取决于想象的原始动力。

就《名士风流》而言，小说中不同章节穿插着亨利和安娜的视角，于是这种动力被划分为两种对立的声音。如果说这意味着一种意识的分裂，一种在男性与女性视角之间的徘徊（即荣格所说的中年的阿尼玛和阿尼姆斯①），那么显然波伏娃更加重视自己的女性经历，因为只有安娜是用第一人称来叙述。相比之下，亨利的部分则仍拘泥于经典的19世纪现实主义的自由间接引语。从叙述语言来看，波伏娃似乎在享受恢复女性权威的特权，为她自己，或至少为她女性的化身保留其严谨的主体性。一切关于中年的视角都是平等的，但总有些视角比其他的更为平等。

事实上，这种经验的相对论成了这部小说潜在的关注点。在故事的结

---

① 荣格定义的阿尼玛（*Anima*）指男性无意识中的女性成分，阿尼姆斯（*Animus*）指女性无意识中的男性成分。——译者注

尾,安娜含蓄地承认,我们无法逃脱自己的意识:"20年来,我坚信我们生活在一起。但并非如此,我们每个人都是孤独的,被囚禁在自己的身体里。"换言之,人到中年(又一次通过20年成熟的规则)是领悟这一真谛的先决条件。[1]波伏娃的双重叙事视角使得我们看到中年到底有多么性别化。如果叙述是一种对位,将男性的客观性与女性的主观性相比,那么对中年成熟的理解也随之产生。

第二章和第三章中相互矛盾的陈述正是这一差异的例证。安娜从第一人称的视角描述了中年迫近时的经历:

突然间,我明白了为什么我总觉得过去的经历像是他人的经历,因为现在我就是另一个人了(*une autre*),一个39岁的女人,一个留意到自己年龄的女人。

"39年了!"我大喊道。战前的我太过年少,无法承担岁月的重负。随后的5年,我完全忘却了自我。现在又找回了自我,却发现自己日暮途穷。老年正在等待着我,无法逃避。即使是现在,我已经看到它在镜子的深处初露端倪……"就算后悔也为时已晚。别无选择,只能继续前行(*il n'y a qu'à continuer*)。"[2]

安娜的顿悟不出所料地恰好呼应了波伏娃自己的回忆,将一切焦虑归根结底变为那个神秘的数字:39。它显然不只是一种涉及更年期的生理体验——实际上它要早于更年期的到来——更是一种与时间观念改变有关的心理体验。战争的结束刚好将她的人生划分为年轻时期和成熟时期。如果说战争是一个暂时的黑洞,吞噬了一切自恋、焦虑带来的问题,那么战后再也没有什么可以阻止安娜直视面前这个日渐衰老的自己。借贝克特之言,她能做的只有继续前行:*il n'y a qu'à continuer*。

---

[1] 西蒙娜·德·波伏娃《名士风流》。伦纳德·弗里德曼译本(伦敦,1957年),第700页。
[2] 出处同上,第93页。

不过，让我们对比一下相同情况下亨利的顿悟，看看有何不同：

但是现在，他不得不承认自己是个成熟的人（ *un homme fait* ）：年轻人把他尊为长者，成年人把他视作他们中的一员，有些人甚至对他敬重有加。成熟又有底线，他就是他自己，而非其他什么人（ *pas un autre* ），只有自己。但他自己又是谁呢？①

差异显而易见：安娜成了"另一个人"，而亨利显然并非如此。安娜变成了别人时，亨利变成了自己，"就是他自己"。安娜的中年观是由内而外的，由她自己对自己的看法所决定；而亨利的却是由外至内的，由别人对他的看法所决定。因此，男性和女性对中年的看法实际上是呈镜像的。在这两种情况下，它的到来都让人感觉受到了限制，但却出自截然相反的原因。

当然，分清他人评论和自我主张绝非易事。波伏娃认为中年男女就是这样看待自己的，还是更准确地说，是这样看待对方的？她不是忒瑞西阿斯②，所以她始终无法从主观感知上知晓男人是如何经历中年的。然而，她可以知道，随着我们的衰老，（男性）社会是如何看待我们的地位差异的：男人变得更有经验，女人变得不再迷人。也就是说，随着年龄的增长，男人变得更自我，女人却逐步失去自我。冒犯一下贝克特，他所说的减法只会发生在女性身上。

波伏娃和贝克特不太可能成为伙伴，尤其是考虑到波伏娃未征求贝克特的意见就编辑他的作品，贝克特对此愤愤不平。但惊人的是，安娜面对衰老的态度时而让人联想到这位爱尔兰人：③

---

① 西蒙娜·德·波伏娃《名士风流》。伦纳德·弗里德曼译本（伦敦，1957年），第169页。
② 希腊神话中底比斯的一位盲人预言者。——译者注
③ 参见1946年9月25日塞缪尔·贝克特写给西蒙娜·德·波伏娃的信。出自《塞缪尔·贝克特书信集（1941—1956）》，乔治·克雷格、玛莎·道夫·费森菲尔德、丹·冈恩和路易斯·莫尔·奥韦尔贝克编（剑桥，2011年），第40—42页。

中年心态
THE MIDLIFE MIND

我赶忙告诉自己,"我完了,我老了。"如此一来,我抹去了未来将度过的三四十年。在那些年里,我将人老珠黄、骨化形销,追忆似水年华。我没有什么能被夺走,因为我早已放弃一切……我拒绝向老年妥协,以此来否认它的存在。①

此处安娜的立场与贝克特在1948年8月写给杜楚特的信中的观点如出一辙,贝克特在信中表示,他希望能够早点半老,尽管"我们仍有拒绝的余地"。这样一来,两性间的差异便有所缩小。面对中年,产生一种无性别的、"第三性"的反应。将中年视为老年的前奏,试图防患于未然,避免让风吹到它下垂的风帆上,阻止它的到来。无论男女显然都能够采取这种策略,不同之处在于安娜那种坚守阵地的策略:"我确信,在我枯萎的皮肤下,活着一位年轻女子。她仍拥有一切需求,反对任何让步,并且对那些可悲的40岁老女人们不屑一顾。"波伏娃足够敏锐地察觉,成熟不过是"肤"浅的。②

波伏娃和贝克特二人都试图摒弃中年,选择老年,揭示了面对时间的紧迫时,两性共同的选择。人与人或许有所不同,但我们都在变老:这可能就是《名士风流》所传达的主旨。波伏娃双重视角的妙处在于,它可以让我们从两种性别的角度来体验中年。小说中近似于现实的体验机制让我们成为中年的忒瑞西阿斯。我们无须成为男人,就可以体验亨利那种被成年人平等对待,或是被年轻人尊为长者的感觉;我们也无须成为女人,就可以切身体会安娜那种变成另一个人的感觉。这种不安的经历我们都曾有过,也迟早会有。

---

① 波伏娃《名士风流》,第618页。
② 皮肤(以及皮肤的再生)因此是波伏娃描述时间流逝时最钟爱的意象之一。例如,她对安娜与美国作家刘易斯·卜罗根(纳尔逊·艾格林的化身)间恋情的描写:"我用我的生命,用我不再年轻的皮肤,在为深爱之人创造着幸福:多么快乐!……我也感到欣喜若狂。真是变幻莫测!当恒星开始在夜空中起舞,当大地褪去表皮,人就像一个人改变了自己的皮肤。"《名士风流》,第423—424页。

我们怎样才能接纳它们？不管是对波伏娃、萨特，还是其他所有存在主义者来说，幸福的中年生活都是一种承担责任（committed）①的中年生活，承担诸如艺术和政治这种外界因素的责任。这种公正无私生活方式，简而言之，就是"名士"的生活方式，它将个人对衰老的感受弱化为微不足道的个人问题。进步的政治，创新的审美：对左翼分子来说，这些才是让生活充满价值的事物。不过，《名士风流》也展现了，随着年龄的增长，我们与这些事物的关联也会发生改变。例如，当他们了解到苏联的古拉格②时，年轻的亨利想将其公布出去（尽管有些犹豫，他认为20岁时的自己一定不会这样做）；而年长的罗贝尔决定反对，因为他认为这会损害左派事业。他总结道："事实上，我们必须决定当今的知识分子可以扮演、又应当扮演怎样的角色。"③究竟是去记录所见所闻，还是去改变它们？

我们对这个问题的回答肯定会随着年龄增长而变化。应那句老话，年轻时是进步和"感性"的，年老时是倒退和"理性的"。这句话只说明了一半的情况，也可能完全反过来，变成年轻的保守主义和老年的激进主义。关键问题在于，成熟迫使我们，或者说成熟就意味着我们，承认自己的立场永远只能是偏颇的。人到中年，就要退一步，走出自我，看清一个人的激情和偏见只是更广泛的连续体中的一部分，就像安娜和亨利所做的那样。当然，波伏娃也是这么做的。文学向来深谙此道，它可以以其纷繁的叙事视角和复杂的意识观点，透过男女老少的言语来表达。这就是为什么它不仅能帮助我们走向成熟，也能令我们从本质上理解成熟。总之，艺术和衰老采取不同的方式，达成一个共识：没人能够独享智慧。

那么，波伏娃不单描写了人生的中途，还描绘了自己度过中年的经历。她从多个角度走向中年，个人的（《事物的力量》）、生物学的（《第二性》）以及政治及哲学的（《名士风流》），通过各种祈使句来寻找中年的意义。其

---

① 存在主义哲学专有词。——译者注
② 苏联营的劳改营和监狱系统。——译者注
③ 波伏娃《名士风流》，第498页。

中最重要的是快乐的动力。毋庸置疑,中年的幸福是一个很少被谈及的话题,因为它略带骄矜和自满的意味。我们就单单是"安顿下来"了吗?我们怎么知道什么时候就该"知足常乐"?也许秘诀就是,随着年龄的增长,可以继续渴求从生命中获得更多,但是要对我们已经拥有的之物感到满足,而不要贪得无厌。活到老,学到老。成为和存在,并不一定必须是对立的。

　　战后出现的存在主义阐明了"成为自己"这一概念。其核心在于它对于自己历史地位的责任感,亦即生存之特权。生存,在法语中叫"*survivre*";所谓"*sur-vive*"就是"活得更久(live beyond)"——要活到战争之后,当然,也要活到青春之后。那我们又该如何生存下去?当我们步入中年之时,就成了早年生活的逃亡者,无休止地重复着同样的欲望和冲动。"毕竟,生存就是永无止境地重生。"[1]在安娜以真正的存在主义者的方式,思考着是否应该自杀时,《名士风流》的情节达到高潮。如果她最终决定不那么做,是因为她"注定要死亡,但也注定要活下去"[2]。这种模棱两可的存在主义给我们上了一课。在她的盛年(《岁月的力量》)和老年(《论老年》)之间、女权主义和激进主义之间,西蒙娜·德·波伏娃教给我们的是,理解中年就是理解如何生存。

---

[1] 波伏娃《名士风流》,第266页。
[2] 出处同上,第703页。

XI

意识流：
新世纪的中年时代

一

1966年7月29日,《时代》杂志宣称他们发现了"一个隐秘的阴谋"。它声称,这个阴谋控制着我们生活的方方面面,从我们的品位和政治意识,到我们的健康和事业。但它"不敢也不愿说出"这位终极垄断者的名字,它以不可思议的力量和影响力,潜移默化地渗透到我们的思想中,让我们完全听凭其摆布。没有它的支持,我们几乎一事无成。这个阴谋叫什么名字? 中年。[①]

尽管人们普遍认为20世纪60年代是青春放纵的年代,整个20世纪都狂热地追求保持"年轻",但《时代》杂志的封面故事却揭示了一个这个时代无法忽视的真相。"发号施令的一代"直至今日仍然是掌权者。当然,其中的性别歧视也仍在持续:以技能来评判男性,以长相来评判女性。20世纪60年代"中年的快乐和危险"的典型代表可能要数JFK[②],但这个故事是通过劳伦·白考尔(Lauren Bacall)的一张引人注目的封面照片讲述出来。这张照片展现了她虽然略显苍老但富有魅力的成熟形象,"真实而又可爱迷人"。据说观众并不认为白考尔"是一个41岁的女人"(好像说她40多岁是一种侮

[①] 此处及后续引用,参见《时代》杂志1966年7月29日刊载的《中年的快乐和危险》。www.time.com/3105861(2019年5月1日访问)。受帕特里夏·科恩《我们的黄金时代:中年的动人历史和充满希望的未来》启发(纽约,2012年),第109页。

[②] "JFK"即约翰·菲兹杰拉德·肯尼迪(John Fitzgerald Kennedy),美国第35任总统。——译者注

XI
意识流：新世纪的中年时代

辱），因为她"沉稳、内心愉悦、富有女性气质"。在一年前，即1965年，埃里奥特·杰奎斯创造了"中年危机"一词。在中年危机的时代，中年显得前所未有的美好。

而现在的中年还美好吗？在这个时代，发号施令的一代已经偃旗息鼓，中年特权阶级逐渐失去了政治上的发言权和对世界的掌控，要说中年美好恐怕越来越不容易了。不成熟变成了新的成熟，正如我们从格雷塔·芬伯格（Greta Thunberg）这样的少年身上所看到的那样，拯救世界的唯一方法就是改变行为方式。重复过去50年间那些相同的东西——相同的中间阶层、中年时代和中间派共识——根本无法解决问题。一个事物想要永久保持，就必须不断改变。

然而或许中年本身也是如此。如果中年没有被当成危机和自满的同义词，而是像本书中提到的那些作家一样，被当作是激发新的创造力的火花呢？如果它不是被当成一个失去和衰落的时期，而是被当成一个重新发现热情的时期呢？我们探索了过去的中年时代，概述了几个世纪以来人们如何想象中年。但是它的现在和未来会是什么样呢？但丁之后过去了7个世纪，我们应当思考在进入新的世纪里，走到人生道路的中途意味着什么。

从某种意义上来说，中年的未来当然只能是老年。但矛盾的是，中年又是由今日的年轻者所决定的未来。这意味着从另一个角度来看，未来的中年就是现在的青年。所以问题其实在于，当今天的年轻人变成了明天的中年人，他会发生多大的变化？中年时毫无疑问会拥有比青年时更成熟的心智。但是在从青春时代到成熟的过程中，必然也会有得有失。其中最主要的损失，一般被认为是精力的下降。

但是近期的研究显示事实并非如此，虽然这可能有些违反直觉。我们生活在神经科学发展的黄金时代，我们可以研究大脑在受到各种或大或小的合理刺激时会发生什么。这门新兴科学早期主要关注的是大脑在发育（早期阶段）或衰老（晚期阶段）时发生了什么变化。这很好理解，因为相比稳定时期，变化能告诉我们更多的信息。但是后来人们逐渐发现，中年同样会发生脑部的变化。哈佛医学院开展的研究表明，大脑在中年时期会经历第二次的快速发育（第一次显然发生在青春期）。①虽然40岁以后，大脑的整体开始以每10年2%左右的速度发生萎缩，但是它某些区域的功能反而会提高，尤其是与判断和控制相关的区域。"神经可塑性（neuroplasticity）"，即大脑根据其对外部刺激的暴露程度不断变化和发育的观点近期被广泛接受。当然，这种可塑性是双向的。例如，前额叶皮层就是一个悖论：它要到一个人30多岁时才会完全发育成熟。但或许也正是因为如此，也更容易在中年时发生衰退。②因此，神经科学支撑着中年的神话。《时代》杂志封面照片的错误之处在于停留在白考尔光鲜亮丽的外表，而没有深入探究她的大脑。成熟并非仅仅表现在表面。

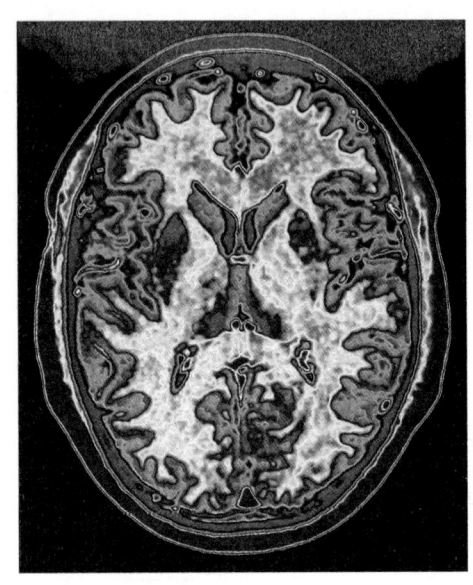

◆ 中年人的脑核磁扫描图像。

于是，中年思维不再是一个抽象的概念，而是一种可以被感知的现实。③但它是什么样的现实？神经科学当然可以告诉我们随着年龄的增长我们的大脑发生了什么变化；反过来，这可能也会改变我们对自我形象的感知，产生一个认知反馈的循环。通过这个循环，我们成为认知中的自己。然而，神经科学不能告诉我们大脑中形成的感觉。所以，我们仍然需要依赖于传统的描

---

① 参见F. Benes, M. Turtle, Y. Khan和P. Farol论文《在儿童、青少年和成年期间，人类大脑中海马形成关键中继区的髓鞘形成》，《普通精神病学文献》杂志，LI/6（1994年6月），第477–484页。引自玛丽娜·本杰明《人生中点：青春后的生活》（伦敦，2016），第114–115页。
② 参见科恩的《我们的黄金时代》，第140–159页，特别是第142和149页。关于中年大脑的进一步讨论，参见芭芭拉·斯特劳奇的《成人大脑的秘密生活：发现中年大脑的惊人天赋》（伦敦，2011年）。
③ 参见国家健康研究所网站文章"健康问题：中年减少痴呆风险的方法"，https://news.joindementiaresearch.nihr.ac.uk，2020年1月29日访问。

XI

意识流：新世纪的中年时代

述和判断、情感和印象。简而言之，我们仍然需要依赖文字。

大脑扫描或许可以作为一个艾略特所说的"主观对应物（subjective correlative）"，它可以从外部展示我们内心的主观性，但它并不能捕捉到我们所感受的情感。换句话说，人的意识是一回事，意识流则完全是另一回事。如果从可能最具代表性的"意识流"作家弗吉尼亚·伍尔夫的作品中随机挑选出一段文字，在阅读的同时进行大脑扫描，看看会发生什么。下面是《海浪》(*The Waves*)（1931年）结尾处伯纳德所说的一段结束语：

然而，生活是令人愉快的，是可以忍受的。星期一之后是星期二，然后是星期三。心灵的年轮会增加，人格会变强大，痛苦会在成长中被吸收。一开一合，一合一开，越来越嘈杂和坚定，青春的匆忙和狂热都被投入运转，以至整个生命都像钟表的发条一样不断扩张又收缩。①

这段话的文法就像具有自我意识一样，紧密地跟随着中年时期的思维过程。它以一种淡淡的赞美语气开始，"愉快"正是千篇一律的中年特征。在这个时代另一部伟大的中年作品《斯捷潘沃尔夫》(*Steppennolf*)（1927年）中，黑塞也曾写道，"一个不满的中年男人，还算愉快的、可以忍受的、不咸不淡的日子"。②生活当然是"令人愉快的"，但在它的边缘，存在着令人狂喜、新奇和别出心裁的东西在蠢蠢欲动，散发着生活所不具有的诱人气息。每一天，每一周似乎是永无止境的循环，呈现在伍尔夫笔下的现在分词"一开一合（opening and shutting）"，以及标点符号，尤其是分号的重复使用中。分号是伍尔夫的秘密武器，是她的"标志符号"。③分号将短语隔开，既可以表示分离，又可以表示结合；既可以用来表示停顿，又可以用来表示

---

① 弗吉尼亚·伍尔夫《海浪》，凯特·弗林特编（伦敦，1992年），第198页。
② 赫尔曼·黑塞《斯捷潘沃尔夫》，巴兹尔·克莱顿译本（纽约，2002年），第26页。
③ 参见简·戈德曼《1925年，伦敦、纽约、巴黎：都市现代主义——视差和重写本》，载于《爱丁堡二十世纪英语文学指南》，布莱恩·麦克海尔和兰德尔·史蒂文森主编（爱丁堡出版社，2006年），第71页。

递进。因此，分号作为伍尔夫意识流的发动机，用优柔寡断却又不屈不挠的韵律将她成熟的思想展现出来。分号帮助渲染了中年的内心独白，当"青春的匆忙和狂热"成为"整个生命"的一部分，伍尔夫的句法更好地捕捉到了这种独白的特征。

比喻和句法一样能够表达很多含义。在这段话中有三种或明或暗的比喻：心灵像树木一样"长出年轮"，像照相机一样"一开一合"，像时钟表的发条一样伸缩。伍尔夫选择的这些词句，通过将有机和无机的意象结合起来，表达了对"生物钟"的隐喻，就像对中年大脑进行功能核磁扫描一样。心灵经历的岁月（那些树的"年轮"）成为其"人格"的一部分，这段文字不仅是对标题中的"波浪"的具象化描述，而且自身也呈现出了一种"波浪"之感。通过核磁扫描从外部感知到的"脑电波（brainwave）"，现在可以从颅骨内部生发出来。通常我们使用这个术语来表达一些异于寻常的、伟大的新想法[①]，但伍尔夫让我们了解到，其实我们平常那些日常的、反复出现的想法也同样产生着普通的脑电波。简而言之，她帮助我们理解了中年单调中蕴含的崇高性。

这段文字可以被解读为对于此处讨论的中年大脑扫描的评论，除此之外，我们还可以读到很多其他类似的文章。但实际上，它更接近于中年心理的现象学，向我们展示的是由内而外的感觉，而非由外而内的形态。伍尔夫给了我们一个积极意义上的关于成熟的描述，当犹豫和彷徨、过程和痛苦都被吸收，形成了一个强大、坚定的人格和身份。更重要的是，这个身份是可以无限重复的，至少看起来是如此。就像一台机器，它的活塞日复一日地进进出出，保证它的良好运转。虽然这段文字展现了时间的流逝，但它也让时间变得柔和，让死亡变得平淡无奇。至少从亚里士多德时代开始，我们就已经知道，文学可以起到缓冲减震的作用。

接受重复，并使其融入我们的生活，可以说是成功中年生活的关键要素

---

① "brainwave"也有灵感或灵机一动之意。——译者注

XI

意识流：新世纪的中年时代

之一。生活并不是彩排，但是我们确实花费了大量的时间在上演同样的争吵和情绪，同样的谜题和关系。意识流是循环而非线性的。只有到了中年，随着我们生活的曲线逐渐平缓、进入平台期，这个清晰而无可辩驳的真理才会凸显。伍尔夫的作品迫使我们意识到这一点，波浪的形象暗示了重复的节奏，"微弱的跳动节奏，滴答、滴答，正是人心灵的脉动。"①但它也暗示了随着年龄的增长我们是如何失去了自主性，或者更准确地说，失去了拥有自主性的感觉。上面那段引文继续写道，"从一月到十二月，时间流逝得多快啊！""我们被事物的洪流所席卷，那些事物逐渐变得司空见惯，不留下任何阴影。我们漂啊，漂啊。"②

将时间比作流水，光投射到水上，伍尔夫这个有些复杂的比喻，暴露了她意识流之下的不安。"生活是愉快的，生活是美好的。"虽然伯纳德一直如此断言，但并不完全令人信服。司空见惯的事物可能不会投下阴影，但死亡一定会，"现在，我将成熟的贡献融进了童年的直觉；满足和劫数；对命中注定的事情无法逃避的认知；对局限性的认识；生活是如何比曾经想象的更加冷酷无情。"③伍尔夫在此处用相当标准的形容描绘了成熟是什么（与本书中其他很多地方的描述类似），除此之外她还奏响了一个全新的音符，那就是心灵的可塑性，它随着年龄的增长而呈现出无限的可调节性。因为伍尔夫不仅仅探索了中年思维，还探索了中年思维的错觉，描绘了我们是如何欺骗了自己，让自己以为自己终于看清了事物的本质。伯纳德一度告诉自己。"我就像是一个被允许走到后台的人，因此看清了所有的舞台效果是如何产生"，仿佛他突然摆脱了所有的幻觉。④但他随后承认，这其实也是个幻觉。

时间又一次给秩序带来了动荡。我们蹑手蹑脚地走出醋栗叶形成的拱

---

① 伍尔夫《海浪》，第199页。
② 出处同上，第198页。
③ 出处同上，第206页。
④ 出处同上，第204页。

门,来到一个更广阔的世界。现在,事物的真实秩序——我们总幻想能够认识它——变得清晰明了。就这样,在一瞬间,在客厅里,我们的生活就做出了调整,与庄严地越过天空的白昼保持相同的步调。①

这段文字读起来就像是在注解这本书里记录的某些更为戏剧性的中年顿悟。例如,贝克特在他母亲卧室里的那一刻:这是一场真实的谬误吗?当他觉得自己突然掌控了写作的真正顺序,他只是在自欺欺人吗?换句话说,成熟只是一种错觉吗?

要想反驳这一观点,唯一的办法就是承认我们并不是裁决自己是否成熟的那个人。心灵或许会长出年轮,但人格显然并不是固定的,它永远取决于它所处视角的变化。这就是伍尔夫的认识论,贯穿于《海浪》中的六个人物身上。"这并不是我回顾的那种生活,"伯纳德总结道,"我并非一个人,我同时是很多人。"②伍尔夫将这种多层次的视角与她的年龄联系起来,以说明中年的思维不应该是单一的,而应该是多重的。"我自己也在老去,明年我就50岁了,"小说出版后不久,她对一名记者说道,"我越来越觉得要将不同的自己融合成一个'弗吉尼亚'是一件多么困难的事情。"③ 49岁的伍尔夫,正处在亚里士多德定义的巅峰时期,她逐渐意识到,中年与其说是一道溪流,不如说是一种意识流。

因此,除了从外到内的审视,我们也可以通过从内到外的思考来了解中年思维,或许这样还能了解得更多。这可能就是文学给我们的经验。但伍尔夫的多重视角,即《海浪》中的六角度叙事方法,还提示了一些别的东西——成熟必然具有的多重性。我们不仅应该在中年形成自己的感受,并且这种感受应该是不同角度的:这就是中年最本质的标志。如何变老并不是一

---

① 伍尔夫《海浪》,第209页。
② 出处同上,第212页。
③ 弗吉尼亚·伍尔夫写给G. L. 狄金森的信,1931年10月27日,载于《弗吉尼亚·伍尔夫的信》,奈杰尔·尼科尔森和乔安妮·特劳特曼主编(伦敦,1975—1980),第IV册,第397页。

道考试题，我们也没有人知道它的答案。如何走过人生中途并没有既定的路线，我们能采取的最佳方案就是通过三角定位法确定好一个坐标方位，然后尝试根据它来导航。人生中真的有顿悟的时刻吗？如果有，那就是顿悟到这样的时刻并不存在：中年没有，也不会有一个决定性的胜利时刻，让我们感觉到"啊哈，我已经将一切尽在掌握"。就像《米德尔马契》中的卡苏朋，我们应当谨记他的失败。没有一把万能钥匙，能够解开所有中年之锁。文学，是一种理解时间的方式，但前提其实是它无法真正解释时间："我们试图去讲述生活的时候……生活并不会因我们如何对待它而受到影响。"① 成熟，就从我们接受这一点的那刻开始。

二

当我们接受这一点时会发生什么？生活和文学，一个是线性的，一个是圆形的。二者之间的不可通约性，正是艺术存在的根本原因。从这个意义上讲，是死亡造就了我们。当然，死亡也催促着我们步入中年，中年的概念建立在我们越来越强烈的生命即将结束的意识之上。正如评论家弗兰克·克莫德（Frank Kermode）那句有名的话，我们用文学来驯服时间，将它分解为一个个漫无止境的故事。② 故事开始的那声"滴"声，就预示着结束时的"答"，这是我们的大脑能够处理的。然而，真正难以处理的是处于中间时期的感受，因为此时几乎感觉不到它的变化。我们怎么能够听到两声滴答之间的那一时刻呢？

如果要说成熟有什么意义，或许就是倾听这沉默的一瞬吧。青春的闹剧已然散场，老去的悲哀尚在远处。事实上我们被困在一个永恒的当下，困在看似无穷无尽的一日日、一周周。从这个角度来说，中年与时间之间

---

① 伍尔夫《海浪》，第205页。
② 弗兰克·克莫德《结尾的意义》（牛津，1967年）。

存在着一种微妙的关系：一方面，中年被定义为死亡真正向我们袭来的时期；另一方面，中年又是一个时间似乎总是停滞不前的时期。"如果永恒不是被理解为无穷的短暂时刻的持续，而是被理解为无时间性，"维特根斯坦（Wittgenstein）在他的《逻辑哲学论》（*Tractatus*）中写道，"那么当下活着的人就是永生的。"① 稍微改变一下他的后半句，我们可以说，我们的中年没有尽头，就像我们的视野没有极限；我们在生与死的正中间，我们将永远是永恒的。

这告诉我们，要变得成熟，要度过最佳意义上的中年，就要追求存在主义上的独立性。永恒的中年属于活在当下的人。过度沉湎过去，或者过度憧憬未来，都会使得中间时期成为一段阴影的开端或一段阴影的终点，而不是一个完全按照自己的方式实现自我的时期。关于存在，人类大脑中建立了一种累积模式，即我们是由我们所有的经验和记忆构成的总和体，但这种模式使得我们可能忽略了一个事实——我们作为拥有自我意识的动物，可以选择始终置身于生活的中途。许多宗教和哲学都会建议人"活在当下"，这不是没有原因的。

当然，以这种方式在持续不断的意识流中生活，在日常生活中是难以为继的，但它可以为中年思维提供一个理想的模式。与其把写作看成一种积累，我们不如把它当成一种摆脱某些思想或观念的方式；与其去计算我们的成就，不如培养从零开始的创造力，不去展示那个不断衰老的自我，而是将他擦去。苏珊·桑塔格是二十世纪七八十年代中年时代精神的象征，她标志性的灰白发绺衬托着她经久不衰的迷人形象。她在45岁时，也恰好曾表达过这样的愿望："我之所以写作，有一部分原因就是为了改变自己。因为某些东西我一旦写下来，就不用再去思考它了。所以当我提起笔，实际上是为了摆脱那些想法。"② 这是亚里士多德关于精神宣泄理论的一

---

① 维特根斯坦《逻辑哲学论》，C. K. 奥格登译（纽约，1999年），第106页。
② 苏珊·桑塔格《〈滚石〉杂志访谈录》，乔纳森·科特编（康涅狄格州纽黑文市，2013年），第123页。

XI
意识流：新世纪的中年时代

◆ 白发：苏珊·桑塔格，摄于20世纪80年代。

个新的变体：现在可以通过写作，而非阅读，来宣泄自己的情绪。中年成为一场长久的清洗。

净化（purge）、清洗（purgation）和涤罪（purgatory）：我们曾经在但丁的作品里探索过这个主题。他的例子，以及后来所有跟随他脚步的作者的例子最终说明了一点，关于中年的一言一语本身就会产生压力。当到达我们所认为的中年的年龄（通常来说40岁是一个很好的象征性门槛），我们会意识到，我们不仅是在时间上（至少在概念上）到达了人生中途，并且现在我们是"中年人"了。几个世纪以来，束缚着中年的陈词滥调不断向我们袭来，突然间，我们发现自己置身于"危机"和"转变"的漆黑森林之中。要如何应对，取决于我们自己的偏好和性格。谢天谢地，并非每个人都觉得有必要来写一本有关这方面的书。但是毫无疑问，我们会选取怎样的习语来描述中年，取决于我们既往的经历。中年催生并主导着关于我们如何变老的隐喻。

作家的角色，正是抵制这些令人厌倦的隐喻，或者至少让它们能够有些新意。但是对于衰老，我们能看到多少种不同的形象是有限的，因为概念化时间的不同方式也是有限的。太阳坐在审判席上，无可替代地照耀着熟悉的一切。当我看着它在我的房子上空东升西落，当我看着变换的四季在我的花园中来来去去，我在做着人类一直以来所做的事情，为冷漠的事物赋予意义，让我的生物钟与大自然相适应。我也更有针对性地将它与文化、与艺术家、作家们和时间抗争的方式联系在一起，如莎士比亚笔下的太阳意向、艾略特的玫瑰园。因为会被当作中年的隐喻而反复出现的形象其实非常有限。即使在21世纪，可能尤其在21世纪，我们似乎又一次转回了既往已有的成熟的模式。扎迪·史密斯（Zadie Smith）在2016年写到了一个有趣的例子：

我的小说，过去是阳光明媚的，现在却布满乌云。其中一部分原因，我想可以归结为中年的经历：从小时候开始写《白牙》这本书，它伴随着我长大。相比青年，中年时期的艺术创作显然会更阴郁，因为这时候的生活本身

XI
意识流：新世纪的中年时代

就变得更阴云密布。但诚实地说，也并非只有阴云密布。我是一个公民，也是一个独立的灵魂。公民身份长久以来教会我们的一件事是，人生之事没有十全十美。这个事实，一个21岁的人可能认知还不深刻，但是对于一个41岁的女人而言就显而易见了。①

在《白牙》（2000年）出版后，20出头的史密斯在文坛崭露头角，也迫使她很大程度上在公众的注目下成长。将近20年过去了，她现在回顾自己的青年时代，那是一段无忧无虑、阳光灿烂的时间，与她多云的中年形成了鲜明的对比。但是这个比喻本身就有些令人云里雾里（"多云"指的是更黑暗，更阴沉，还是更斑驳？），它展现了我们是如何通过一些预先选定的形象来概念化中年时代（或者实际上是浪漫化青年时代），但其实我们对于这些形象所表达的意思并不清晰。除此之外，史密斯还有一个特别引人注目的特点，就是她将自己对衰老的看法与她对人类这个物种的整体看法相结合，将人类时间的微观历史和史学时间的宏观历史联系起来。成熟教会了她从自己的角度出发去看看这漫长的时间（*longue durée*），从而也教会了我们所有人。

史密斯的观察隐晦地强调了生活与文学之间的不可通约性。她所说的"公民"和"个体的灵魂"，听上去就像是艾略特的"传统"和"个人才能"在新千年的翻版，分别代表了公众体验和个人体验两个方面。我们注意到，中年对这两者的影响有着微妙的不同：他会使得我们作为个人的洞察力变得模糊，而作为公民的洞察力变得更敏锐；中年生活，对于个体的灵魂而言变得"阴云密布"，而对公民而言变得更"清晰可见"。言下之意是，随着年龄的增加，我们的审美想象力会向着越来越神秘的方向发展，而我们的政治理解力，则会朝着更好地理解为什么政治事务最终不可能有明确的解决方案的方向发展。"不完美"，以及如何承认它、融合它，成了成熟的代名词。

要接受不完美，说起来容易做起来难。接受史密斯所说的"寸进式进

---

① 扎迪·史密斯《论乐观与绝望》，载于《自由的感觉》（伦敦，2018年），第35–41页，此处引自第37–38页。

步",也就是缓慢得令人痛苦的、进一步退两步式的发展,就意味着要接受我们年轻时拥有的改变世界的梦想几乎永远无法实现这一现实。[1]我们只能拥有"一寸的寸进"。了解想象力的作家可以帮助我们认识这一点,因为我们的中年经历本身很大程度上就是想象力的作用。成功的中年生活的秘诀是拥抱寸进,去享受而非怨恨那些定义了我们的一个个微小进步。审视我们的意识,以及文学对意识的传递,正是倾听"滴""答"声之间的寂静的方式。

三

神经科学为探索中年思维提供了或许可以称得上最为大胆的一种新模型,但它还需要描述性的语言来进行补充。而中年的身体又有什么样的特征?神经科学虽然包含心理学的部分,但同样也属于生物学。如果要用科学来对中年进行概念化,那么必须从这三个领域获取信息进行分析。然而同时也必须坚持这一点,即我们对科学的理解在很大程度上是由我们所处的文化所预先决定的。因为我们可以看到,论述的逻辑正是如此:中年是一个生物学上的事实,但"中年"也是一种文化构成的概念。我们可以通过显微镜观察中年的思想是如何形成的,但正通过显微镜观察它的也正是中年的头脑,带有各种各样的偏见。我们不应该自欺欺人地认为,既然现在我们可以观察思维,我们就可以摆脱思维的束缚。和以前一样,我们仍然是"中年人",不能丢弃这对引号。

近几十年来,这对引号被不断重新评估,其中最重要的一个方面无疑是它们的性别特质。衰老一直被作为一种带有性别特异性的现象,战后女权主义作为一种严肃的文化力量的出现,使得我们对衰老的理解被重新定位,这

---

[1] 扎迪·史密斯《论乐观与绝望》,载于《自由的感觉》(伦敦,2018年),第35—41页,此处引自第37—38页。

不仅仅指两性在衰老过程中的不同经历，还指的是（并且或许最重要的是）社会对两性衰老的不同构念。读者们会注意到，这本书越往后，提及的女性作者越多：乔治·艾略特、波伏娃、桑塔格和史密斯。几个世纪以来，中年都指的是男性的中年，而她们纠正了这一点。从历史的角度来说，早就应该纠正了。我试图避免将她们尊称她们为"女作家"，毕竟我们从不会特别指出某个人是"男作家"。但毫无疑问，她们，以及许多像她们一样的人，对衰老的概念有着完全不同的想法（即使是21世纪的男性作家，现在也受到所谓的男性气质"女性化"的大背景影响，很多自传作家如卡尔·奥韦·克瑙斯高就曾经痛苦地抱怨中年时的"被阉割"感）。女性作家们所做的，有效地将"生命始于40岁"这一老生常谈还原到了它最初的意思，即"女人一生最美好的时光从40岁开始"。

这句话从一句宣言转变为一句陈词滥调的过程，讲述了历史上男性对于中年的霸权。然而，它也向我们展示了女性对于中年的看法在很大程度上融入了这个概念，尽管是以一种隐秘无声的方式。生命始于40岁这一说法，虽然是在1932年由沃尔特·皮特金（Walter Pitkin）将其推而广之，但最初其实是由一位名叫"西奥多·帕森斯夫人"的女性，在1917年4月接受匹兹堡出版社采访时提出的：

普通的女性不知道应该如何呼吸、坐着、站立和行走。现在，我希望女性接受训练，以便在战争的时候能够完成可能会需要她们承担的特别任务。人从30岁就开始走向死亡，因为他们的肌肉细胞开始退化。注意饮食和锻炼，可以使得人的寿命大大延长。女性最好的时光从40岁开始。①

帕森斯是《通过科学健身来培养大脑》（*Brain Culture through Scientific Body Building*）（1912年）一书的作者，这本书可以说是尼采式的对意志力

---

① 感谢马克·杰克逊让我关注到这段话。

的赞美。帕森斯通过这本书想说服女性通过体力训练来延长寿命，提高生活质量。不过，显然她是想把女性都变成男人，或者至少变成当时社会所认为的仅次于男人的人，使得她们能够完成"在战争的时候可能会需要她们承担的特别任务"——但其实真正的意义在于战争之外。人生始于40岁的想法，可能最初是作为女性中的一句老生常谈出现，但它本身就默认带有非常男性化的成熟之意。

一百年过去了，这种情况有改变吗？席卷20世纪的女权主义浪潮，无疑对只有男人才被允许变老的这一观念提出了挑战。20世纪40年代，波伏娃的作品开创了女权主义的浪潮，随后是60年代的"第二波"。60年代初期，避孕药的出现标志着女性与她们自身身体关系的一个明显的转折点。60年代末，杰梅茵·格里尔（Germaine Greer）将西方女性定义为被当成小孩、受到压迫的《女太监》(The Female Eunuch)。两年后的1972年，桑塔格发表了题为《对衰老的双重标准》(The Double Standard of Ageing)的文章谴责这种现象。这篇文章不仅告诉了我们两性走向衰老的方式明显不同，也探讨了我们如何从更普遍的角度地去理解中年，这值得我们深刻反思。

从作者的生平可以发现一件惊人的事。桑塔格生于1933年，写这篇文章时正好39岁。看起来乔治·米勒·比尔德是对的，39是一个神奇的数字。但是桑塔格看到了数字之外，心理学层面的原因：如果40岁是一个有象征性的门槛，那么等待这个门槛的到来才是真正的折磨，它让人"一整年的时间里，站在中年的门槛上郁郁不乐地沉思"。这种时间界限虽然是武断的，但十分有力，"尽管一个女人在40岁生日那天与她39岁时并没有什么不同，但这一天似乎是一个转折点。在进入40岁以前的很长一段时间里，她一直在努力克服那一天真正到来时的郁闷感。"① 也就是说，对于衰老这件事而言，旅途比到站时刻更糟糕。

桑塔格对衰老的双重标准的分析，是基于将衰老理解为"一种对想象力

---

① 苏珊·桑塔格《对衰老的双重标准》，发表于《星期六评论》，1972年9月23日，第33页。后续引用也来自此处。

的考验——一种道德疾病，一种社会病态"。正如她之前的波伏娃一样，桑塔格也把衰老看作以这种方式构建的文化，这使她意识到这种疾病为何对女性的影响力远远超过男性。我们都"被数字所困扰"（至少在西方社会，每一个生日我们都小心翼翼地庆祝）。但是变老这个幽灵对于女性来说尤其可怕，因为和男性不同，她们被要求"保持理想的外貌，青春永驻，不被年龄影响"。当然，这个理想指的是年轻人的理想，更具体来说是青春晚期和成年早期的理想，是被社会、或者说被男性认为有性吸引力的理想。因此，社会鼓励女性成为"道德白痴"，更多地关注自己的外貌而非智慧。简而言之，女性的衰老"更多的是一种社会对其的判断，而非生物学上的事件"。

桑塔格也考虑到了时间和地点的差异性，尽管这种差异只是文化习语的差异和民族偏见。她认为，法国女性的40岁会相对轻松一些，因为"她的任务只是引导一个经验不足或胆小怕事的年轻人"。理查·施特劳斯的歌剧《蔷薇骑士》（1911年）中的马莎琳（Marschallin）在34岁时突然发现她的青春结束了，在桑塔格看来，现在的我们或许会认为这个想法"不过是神经过敏，甚至有些可笑"。不管怎么说，这些例子帮助她说明了一点，衰老是想象力的危机，而非身体的危机，因此"它会一次又一次地重复着自己"。30岁变成40岁，再变成50岁。就在我们刚刚适应一个里程碑时，下一个里程碑到来了。然而，这种焦虑在女性身上呈现出一种奇异的紧张感，至少在20世纪70年代是这样的。一方面，女性承受着巨大的压力，要"保持"年轻，也就是要看上去年轻，这意味着她们要"尽可能长时间地维持女孩的身份，然后屈辱地接受自己变成中年妇女"；另一方面，女性因此"免受男性中年因一事无成而产生的苦闷与恐慌"，因为她们从一开始就不应该有雄心壮志。如果说男性的中年是以"成就"来衡量，那么女性的中年则是以外表来衡量的。

至少20世纪70年代的观点是如此。50年后的今天，女性可以因为自己取得的成就太少而体验到属于她们的"苦闷恐慌"，这是女权主义成功的一个标志。中年的概念已经正常化,女性现在也会经历职业上的失败。职业生涯中期的女性也会经历失望和挫折,在21世纪这不再是一个引人侧目的想法,这是平等与解放带来的必然结果。虽然要庆祝这个有点奇怪,但这毫无疑问是一个进步的标志。

当然,这并不是说现在的女性会以与男性相同的方式经历中年,也不是说我们会以相同的方式谈论两性的中年经历。一方面,我们仍然对于外表有着很高程度的关注。波伏娃和白考尔,桑塔格和史密斯,她们的公众形象,很大程度上仍然经由她们的外貌来塑造。对于相同地位的男性作家来说,这是不可想象的。尽管对女性中年思维的理解已经取得了很大的进步,但是中年女性仍然明显地被她的身体所定义。在很多方面,人们仍然将男性的理性与女性的激情作为对立面。

除了神经科学和社会科学以外,近年来关于中年讨论的最大进展或许是打破了关于女性更年期的禁忌。有趣的是,在桑塔格那篇关于衰老性别本质的近万字文章中,仅仅提到了一次更年期,顺带写到"更年期的失落感(随着人类寿命的延长,这种失落感来得越来越晚了)"。[①]尽管20世纪60年代充满了性别解放的气息,尽管如玛丽·斯托普斯(Marie Stops)一样的先驱者们做出了许多的努力,但20世纪70年代,人们似乎还没有准备好成人女性衰老的生物学本质。玛丽·斯托普斯曾在她的畅销书《男女生活的改变》(*Change of Life in Men and Women*)(1936年)中指出,关于更年期的论述制造了要将更年期作为一种疾病来诊断的危机。更年期还是一个禁忌话题。

20世纪90年代初期,两本畅销书的出版改变了这一切:格里尔(Greer)的《变革:女性,衰老和更年期》(*The Change: Women, Ageing, and Menopause*)(1991年)和盖尔·希伊(Gail Sheehy)的《寂静的通道》(*The Silent Passage*)(1992年)。书名不言自明,将格里尔所提到的"更年期

[①] 苏珊·桑塔格《对衰老的双重标准》,发表于《星期六评论》,1972年9月23日,第33页,第32页。

（climacteric）"推上了有关女性中年的辩论舞台中央。这两位作家决心从制药公司和广告公司手中夺回控制权，它们显然有意让女性保持不安的状态，接受各种缓解药物和安慰剂的治疗。她们试图从这些"更年期产业"手中夺回更年期，主张个人接受衰老，而不是屈服于社会要求的青春永驻。她们的书获得了非常广泛的反响，这本身就说明了问题。

格里尔还找出了一些早期的文章，这些文章或隐晦或明确地探讨了更年期，例如艾利斯·默多克（Iris Murdoch）的《布鲁诺的梦》（*Bruno's Dream*）（1969年）和多丽丝·莱辛（Doris Lessing）的《黑暗前的夏天》（*The Summer Before the Dark*）（1973年）。然而，是在格里尔的研究之后，更年期才真正被广泛讨论，现在已经成为报纸专栏上和知心大姐口中的常见话题。近期关于这个话题最深刻的作品或许要数玛丽娜·本杰明（Marina Benjamin）的《人生中点》（*The Middlepause*）（2016年），这本书无疑反映了"深刻"这个形容词最真实的含义。它介于回忆录和死亡警示（*memento mori*）之间，记录了作者在48岁接受子宫切除手术后的心路历程。子宫切除术残忍而简单地将她的生命切成了两半。尽管在公开场合，她表示自己并不在意这个手术，但毫无疑问，她发生了改变。

本杰明的书讲述了子宫切除术对于她精神面貌的影响，令人触动。她借助文学、心理学、社会学和神经科学，以一种不屈不挠的方式，讲述了目睹更年期到来时的感受。不过我不会在此复述她的故事，我想通过总结的方式，思考一下她的回忆录中是如何举例说明关于中年隐喻的变化的。我们使用的词汇决定了我们的世界观，借用维特根斯坦的名言，我们语言的极限就是我们衰老的极限。对本杰明来说，出于可以理解的原因，用来描述衰老的习惯用语是伤口：她"被'自己的'伤口"迷住了，被她腹部那道"看上去像个半张着嘴的微笑的红色伤口"迷住了。[①]引申而言，她的中年经历就是一个"音顿（*caesura*）"，在《牛津英语词典》中的定义为"一行诗句中靠

---

① 玛丽娜·本杰明，《人生中点：青春过后的生活》（伦敦，2016年），第9页。

近中间处的停顿"，源自拉丁语动词"*caedere*"，意为"切断"。正如她苦笑着指出的，你不能和伤疤争辩。

本杰明的这些描述传达了一种强烈的感觉，那就是她的更年期是突然降临的，而非渐进式的。从理性上来说，这一变化是生动的，而它缺少的中间过程又显得怪异。与大多数人的中年经历不同，"中年停顿"对她来说几乎完全是生理上而非心理上的，至少一开始是如此："并没有真正意义上的更年期过程，只有更年期前后的对比。"①在这个模式中，中年变成了一种决定性的、深刻的、极端的蜕变经历：一天早上，她从一次令人不适的手术中醒来，发现自己变成了一个可怕的中年妇女。"转变"已然发生。

"切断"这种说法对应了将生命比作一条"溪流"的隐喻，类似赫拉克利特或者伍尔夫。中年的刀刃切入生命的身体，只有"此前（before）"和"此后（after）"，没有"过程（during）"。但如果中年并不代表一段持续的时间，那它还有什么意义呢？除了中年作为一种突然转折的模式外，还有另一种连续性的模式，即随着年龄的增长，我们逐渐习惯了衰老的过程。这两种模式是否按照性别来划分？是否可以简单地说女性是突然变老的，而男性是缓慢衰老的？或许在生物学上这有一定的道理，但其实无论男女，都有一部分人由于自身的性格或者环境驱使经历了变革性的中年，也有一部分人多多少少觉得中年是一段没什么变化的时期，真正的区别存在于这两者之间。中年可能是一种蜕变（metamorphosis），但毫无疑问它也是一种隐喻（metaphor）。归根结底，这取决于我们如何看待它。

---

① 玛丽娜·本杰明，《人生中点：青春过后的生活》（伦敦，2016年），第32页。

后记：中年的尽头

> 我在斑驳的树影下漫步，被森林温暖的芳香所包围，感到自己已经走到了人生的中点。并非指的是年龄，不是说我生命之路走到了中点，而是到达了我的存在的中点。
>
> 我的心在颤抖。
>
> 卡尔·奥韦·克瑙斯高①

有个朋友曾给我讲过一个绝妙的笑话。在一个狂风大作的日子里，我们一起走在大街上，他突然弯下腰、弓起背，扮成一个漫画里那样的干瘪老人。我问他在干什么，他只回答了一个词："练习。"

我们可以提前练习中年吗？从某种意义上来说，练习中年和实际的中年是无法区分开的。不管是否排练，我们都会变老：这是一场注定要失败的游戏（*on joue perdant*）。然而，我们可能希望至少能随着时间的推移变得更擅长一些，只要我们越来越认识到并接受衰老是一件不可避免的事情。通过研究他人的例子，反思自己过去的轨迹，我们可以学会在一定程度上对自己的故事发挥自主性。通过自我认知的激发，宿命论的推动，再加上一点运气，我们或许可以愉快地沉浸于自己的小小故事中。

然而，关于这种练习，也有消极的、令人不甚愉快的一面。如果我们试图适应中年生活、达到成熟境界的努力，不过是一场和影子的拳击赛，在一面灯光柔和的镜子里挥着空拳呢？让-保罗·萨特关于"自欺（bad faith）"这个概念有一个著名的理论，他以一个巴黎餐厅里的侍者为例，这位侍者自

---

① 卡尔·奥韦·克瑙斯高《恋爱中的男人》(《我的奋斗》第二卷)，唐·巴特利特译（伦敦，2013年），第221页。

觉地扮演着自己的角色，穿着得体、举止庄重，就好像他其实是在演绎一个角色，而不是简单地给客人续饮料、对客人无礼。①如果我其实也像他一样，沉溺于中年的"自欺（*mauvaise foi*）"假象呢？

这在我看来，中年早期特别容易陷入这样的状态。当我们感觉到自己开始变老，离开了成年期的平台阶段，我们开始四处寻找新的成熟模式。当我们四五十岁的时候，我们想要成为的人，我们可以成为的人，和二三十岁的时候是不一样的。只不过我们不用再"变成"什么样的人，因为我们现在就已经是了。贡布罗维奇在他50岁出头时写道，"我意识到我成了我自己，已经成为我自己。我身上承担的这两个词，维托尔德·贡布罗维奇，现在已经完成了。我就是这个人，完完全全就是这个人。我被创造，被塑造，被描绘。"②我们都可以用自己的名字来替换这两个词，因为我们也总有一天会终于感觉到，我已经成为我自己。如果说还需要一段时间来接受由将来时态变成现在时态，不断地适应新的自我，那是因为我们的心灵总会比身体要年轻几岁，就好像我们不断地在新的时区降落，不得不不断调整自己的时间。然而，也正是因为如此，心灵可以为我们指引方向，描绘出我们随着时间流逝而变化的坐标。在生活的中途，我们可以在文学中找到榜样，比如在比我们先一步到达了中年的贡布罗维奇。

文学能够教给我们的更为根本的一点是，不要再练习中年生活，开始活在中年。从但丁开始，中年常常被当成一场危机，但是对我们大多数人来说，中年更常见的问题无疑是生活的停滞。倦怠和重复才是成年时期我们真正的敌人，而非那些偶发的审判时刻——从定义上来说，"偶发"就是说它的发生在预期之外。作为中年人的我们总是忙忙碌碌，通勤上班、计划下一个假期、畅想着我们的孩子在什么时候就会比我们跑得更快了，以至于我们忽略了中年真实的意义。正是在这里，文学提供了很多的东西：不是作为危机管理的自助手册，告诉我们如何活得不一样，而是作为丰富我们现有生活的

---

① 参见让-保罗·萨特《存在与虚无》，黑兹尔·巴恩斯译（纽约，1956年），第101–103页。
② 维托尔德·贡布罗维奇《日记》，莉莲·瓦莱译（康涅狄格州纽黑文，2012年），第211页。

后记：中年的尽头

一种手段。只要稍加思考，文学里的中年思维可以引导我们心灵的中年生活。

毕竟，我们为什么要读书？我们为什么要写作？引用约翰逊博士的名言，文学的最终目的就是使读者"更好地享受生活，或者更好地忍受生活"。① 也就是说，我们接触文学，是为了成为更智慧、更高尚、更优秀的人，是为了我们自身的进化。创造性生活的隐藏含义是，我们可以不断进步，创造性中年的隐藏含义则是我们可以继续改变。如果中年的噩梦是变成年轻时自我的脆弱版本，那么中年的美梦无疑是拥有新的自我。而这需要练习，也是我们继续阅读的另一个原因。

因此当我们到了中年，我们或许可以有效地学会的一件事就是像医生行医一样去实践中年生活，追求熟练、经验和自信，我们应该以此将自己的成熟最大化。我们喜欢把衰老想象成一个不规则动词，我还年轻，你已经在变老了，而他/她已经越过人生顶峰开始走下坡路了。但是对衰老过程的各种呈现方式进行更深入的研究，可以帮助我们自己去重新构建衰老的过程。通过适当的思考，我们可以期待通过拥抱中年的停滞来克服中年危机——当然这里所说的停滞指的是对处于人生之盛年（$akm\bar{e}$）的平和自信。在这个意义上，练习中年生活就是分析它、吸收它、运用它。就像医学一样，最好的学习方法就是观察经验丰富的医生。在这方面，文学是个完美的导师，因为它从里到外地记录了中年的历史，即关于衰老的现象学。文学提供的经验可能是出乎我们意料的，中年也不一定总是出现在我们预期的年龄——圣经中的35岁，或"人生从40岁开始"的40岁。也可能和作者一样在39岁开始产生微妙的心理，或者像亚里士多德一样发生在49岁。中年可能并非发生在一个整数年龄，例如道格拉斯·亚当斯在《银河系漫游指南》里的那个有名的玩笑，生命的意义存在于42岁时。

本书中探讨的中年模式是多种多样的，因为任何人都不能独断什么是成熟。"危机"（以及它更形而上的对应词，"悲伤"）是对中年最常见的一种

---

① 引自塞缪尔·约翰逊对苏梅·珍妮斯的《对邪恶的本质和起源的自由探索》的评论，收录于《杂感与碎片》（伦敦，1774年），第23页。

反应，但正因为如此，也可能是最无趣的一种。人到中年不仅仅是危机管理，也是一种感觉，感觉我们可以重新开始（和但丁一起），我们可以达到新的谦逊（和蒙田一起），或者我们可以重新认识关于存在的悲喜剧（和莎士比亚一起）；也是一种意识，意识到我们可以休息一年（像歌德那样），意识到我们可以对衰老有一种更现实主义的认识（像维多利亚时代的人那样），或者我们可以皈依宗教、拥有新的信仰（像T. S. 艾略特那样）；也是一种认识，简化实际上是另一种丰富（以塞缪尔·贝克特的方式），更年期可能实际上是一种解放（以西蒙娜·德·波伏娃的方式），中年需要在新千年被重新定义（以其早该出现的更女性化的方式）。简而言之，写下这本书教会了我，中年的意义取决于我们对它的理解。

我现在意识到，我对中年的理解与我过去预想的有所不同。我以为我在书写中年，但其实我也在书写成熟。我以为我在对美学进行智慧性的探索，但是我其实也在对伦理学进行道德性的探索。令我自己感到惊讶的是——希望你们也是如此——我重新发现了中年思维其实就是成熟的思维，正如阿基米德的观点，基于此，可以冷静地对青年和老年时代进行审视。康德有一句著名的论断：启蒙是"人类走出自己加之于自己的不成熟"。但是，人类能否走出自己加之于自己的成熟呢？[①]这是不是一个更难的任务？

这本书试图说明，FOMO（错失恐惧，fear of missing out）不一定会演变成FOMA（中年恐惧，fear of middle age），因为这种恐惧是基于将中年定义为一个失去的时期。从很多方面来说，中年其实是收获的时期：收获后代，收获创造力，收获自信。要问中年意味着什么，归根结底其实就是在问作为一个男人或一个女人意味着什么，因为中年是我们作为成年人的人生阶段。从亚里士多德到亚当斯，长期以来生命的意义被定位在我们40多岁的时候，因为在这个时候，我们可以期待自己获得最清晰的视野，以观察什么是重要的、什么是不重要的，我们应该怎样、不应该怎样去度过赋予我们的时

[①] 参见伊曼努尔·康德《问题的答案：什么是启蒙运动》（1784年），H. B. 尼斯比特译（伦敦，2009年）。

光。由此引申，中年的意义就在于获得这种视野，以更好地展望未来和回顾过去。中年为什么仍是一个如此难以捉摸的概念，那是因为它既证实了我们对时间的理解，又混淆了我们对时间的理解。当生命的有限性全部展现在了我们的眼前，我们开始意识到自己的未来并不是无限的，于是我们在当下的无限中寻求庇护，通过将自己置于生命抛物线的中心，将死亡远远地抛在边缘处。正如约翰·加尔文所说的："世界的两边都是倾斜的，所以把你自己放在中间吧。"①

◆ 让·马雷，穿墙而过的人（*Le passe-muraille*），1999年，巴黎蒙马特的街头雕塑。

中年思维的最后一课就是，中年是否明智取决于我们是否明智。除了那些关于危机的老生常谈，除了那些关于重生的梦想，我们必须从衰老中找到自己的意义。应该由我们来决定是否将自己放在"中间位置"。中间位置意味着什么是因人而异的，对不同的性别也有所不同。但对我们所有人来说，要实现这一点首先要明确它的概念。要将自己置于正中位置，我们需要知道完全处于正中位置意味着什么——这意味着要学会从外部观察我们自己。当然，这就是文学能够帮到我们的地方，因为文学为我们不断变化的时间观念提供了模型。就像马赛尔·埃梅（*Marcel Aymé*）的短篇小说《穿墙人》（1941年）中43岁的主人公一样（让·马雷在蒙马特创作了他的纪念雕塑），我们深陷其中，挣扎着想

---

① 苏珊·桑塔格《〈滚石〉杂志访谈录》，乔纳森·科特编（康涅狄格州纽黑文，2013年），第126页。

要穿过我们中年思维的那堵墙。艺术，在种种矛盾之中，可以帮助我们看到这堵墙。

　　但是，艺术也能够帮我们看到，这堵墙其实是我们自己建造的。只有当我们理解了中年是一种象征，我们才能突破它；只有当我们了解到"中年"的含义会在不同世纪、不同文化中发生变化时，我们才能接受它。然后，我们应该自己去重构对衰老意义的全面理解。至少对我来说，这种感觉相当于意识到情感和智慧一样有效，并且随着年龄的增长，情感的作用甚至可能超过智慧。中年思维告诉我们，中年不仅仅是一种思维，它归根结底是一种情感，也是一种智慧。简而言之，我们必须像加缪告诉我们的那样，想象西西弗斯是幸福的。"我们活着的方式，胆怯或勇敢，就是我们的生活"，同时也会是我们的中年。[①]因为中年的尽头并不是老年，而是接受，一种自由又令人畏惧的接受，接受我们必须在充满矛盾的成熟中为自己成为什么样的人负责这一事实。中年的秘诀，和美好生活的秘诀别无二致，那就是接受自己。

---

① 谢默斯·希尼《挽歌》，载于《田间劳作》（伦敦，1979年），第31页。

致　谢

我在坎特伯雷构思了本书，在圣让德鲁兹继续创作，在巴黎完稿。我在2020年的大封锁期间完成了这本书，如果我人生有所谓的四十岁危机，或许就指的是这个时期。强制隔离带来的孤独感让我意识到我是多么感激在这三个地方的朋友和家人对我的支持、对我痴迷于时间的好奇心的容忍。一本书不仅仅是作者的作品，也是那些与作者一起生活的人们的作品，尤其是当我们到了中年的时候。玛丽、马克斯和雨果帮助我意识到了这一点。

我要特别感谢这本书的第一批读者，谢恩·韦勒（Shane Weller）、玛蒂尔德·雷根特（Mathilde Régent）和安娜·卡塔琳娜·沙夫纳（Anna Katharina Schafner），他们阅读了前几章的草稿。他们从阴影线[①]的不同点出发，友好地对别人的中年思想表现出了兴趣。不用说，剩下的那些神经过敏都是我自己的。

在我的中年时期，有奥胡斯亲切热情的麦斯·罗森达尔·汤姆森（Mads Rosendahl Thomsen），以及伦敦温和幽默的迈克尔·利曼（Michael Leaman）。齐诺维·齐尼克（Zinovy Zinik）在我最初酝酿本书时，向我推荐了哈兹里特。结尾部分谈到的伯格森则是由威廉·马克思（William Max）向我提及。爱德华·坎特里安（Edward Kanterian）启发了本书，并一直在远方关注着它的创作过程。此外，我还因这个话题打扰了许多的其他朋友和同事，在此向他们致歉。

中年的一个决定性时刻就是意识到，不管你喜不喜欢，你现在是房间里的成年人了。在这方面，我最为亏欠的还是身处远方的，我的长辈们。尽管有很多不完美之处，我还是想将本书献给克莱尔（Claire）和阿尔温·哈钦森（Alwin Hutchinson），感谢他们帮助我走向成熟。

---

① 指约瑟夫·康拉德小说作品《阴影线》。——译者注

图片来源

针对以下说明性材料的来源以及允许本书使用的授权，作者和出版方表示诚挚的感谢。

前言P4　威尼斯艺术学院美术馆

P5　引自乔治·米勒·比尔德《美国人的神经质：原因及后果》（纽约，1881）

P17　亚瑟·A.斯通，约瑟夫·E.施瓦茨，约翰·E.布罗德里克与安格斯·迪顿著，《美国心理幸福感的年龄分布概览》，发表于《美国科学院院刊》第107卷第22期（2010年6月）

P31　*Mortilogus F. Conradi Reitterii Nordlingensis Prioris monasterii Caesariensis: Epigrammata ad eruditissimos uaticolas ...*（注：拉丁语，1508年出版的一本宗教书籍）康拉德·莱特（奥格斯堡，1508年）

P42　巴黎卢浮宫

P69　Sipa/Shutterstock图片库

P76　P77　亚瑟·托马斯·麦尔金，《肖像画廊与回忆录》第五卷（伦敦，1835年）

P87　TCD/Prod.DB/Alamy Stock Photo图片库

P99　法兰克福施泰德博物馆

P145　罗马，奥德斯卡尔基·巴尔比私人收藏

P162　乔治·纽尼斯编，《河滨杂志》，第22卷（伦敦，1901年）

P166　罗杰·维奥莱特·利普尼茨基摄，Getty Images图片库

P188　马德里普拉多美术馆

P190　加利福利亚州立大学馆藏/埃弗里特收藏/Alamy Stock Photo图片库

P211　IN TERFOTO/Alamy Stock Photo图片库

P225　吉列姆·韦鲁特/CC摄，https://flic.kr/p/SgfWeZ

THE MIDLIFE MIND 中年心态

作者简介

本·哈钦森

英国肯特大学欧洲文学教授，曾获菲利普·勒沃胡姆奖，欧洲科学院成员，著有《比较文学简论》。

在这本优美的随笔中，本·哈钦森对人类存在的核心问题进行了深入思考。本书广泛涉及了欧洲文化的多个层面（从但丁到贝克特，从蒙田到波伏娃等），既包含个人经验，又旁征博引；以对话探讨的方式进行，又得出了坚定的结论。本书告诉我们，身处中年，无论是否伴随着危机，都会在产生桎梏的同时出现机遇。其独到之处在于，以智慧和宽容理解来应对这些桎梏和机遇。

——安德鲁·莫辛
约翰霍普金斯大学霍姆伍德校区艺术系教授，著有《生活之旅：关于地点、画家和诗人》

本·哈钦森的《中年心态》一书并不单纯是一本"关于"中年的书，而是将有关中年的主要文学作品的深入阅读及作者自己对中年的反思编织在了一起。正如本书所建议的那样，它采用了反讽的手法，调动了自我意识，这是一种优雅而引人入胜的描绘中年的方式，也是一种更好的写作和生活方式。

——乔什·科恩
伦敦大学金史密斯学院文学理论教授，著有《不工作：为什么我们必须停下来》

责任编辑：周 晏
封面设计：格调文林

上架建议：社科

ISBN 978-7-5184-3608-8

定价：68.00元